北京市门头沟区泷悦长安地产项目，由中电建建筑集团有限公司（以下简称电建建筑公司）承建，2017年获北京市建筑（结构）长城杯银质奖

海南省三亚市康年酒店项目，由电建建筑公司承建，2017年获海南省建筑施工优质结构工程奖，2018年获国家优质工程奖

广东省深圳市轨道交通网络运营控制中心（NOCC）项目，由电建建筑公司承建，2016年获国家优质工程金质奖

湖北省襄阳市南国项目，由电建建筑公司承建，2017 年获湖北省建设优质工程奖（楚天杯）

北京市门头沟区西山艺境项目，由电建建筑公司承建

天津市武清区"新城开发"BT 项目，由电建建筑公司承建

西藏自治区林芝地区五洲皇冠酒店项目，由电建建筑公司承建

西藏自治区拉萨市华能凯莱大酒店项目，由电建建筑公司承建

湖北省武汉市南国县华林项目，由电建建筑公司承建

SHUILI SHUIDIAN SHIGONG

水利水电施工

2019 年第 3 辑

中国电力建设集团有限公司

中国水力发电工程学会施工专业委员会　主编

全国水利水电施工技术信息网

中国水利水电出版社
www.waterpub.com.cn
·北京·

图书在版编目（ＣＩＰ）数据

水利水电施工. 2019年. 第3辑 / 中国电力建设集团
有限公司，中国水力发电工程学会施工专业委员会，全国
水利水电施工技术信息网主编. -- 北京 ： 中国水利水电
出版社，2019.11
ISBN 978-7-5170-8230-9

Ⅰ．①水… Ⅱ．①中… ②中… ③全… Ⅲ．①水利水
电工程－工程施工－文集 Ⅳ．①TV5-53

中国版本图书馆CIP数据核字(2019)第254874号

书　　名	水利水电施工　2019 年第 3 辑 SHUILI SHUIDIAN SHIGONG 2019 NIAN DI 3 JI
作　　者	中国电力建设集团有限公司 中国水力发电工程学会施工专业委员会　主编 全国水利水电施工技术信息网
出版发行	中国水利水电出版社 （北京市海淀区玉渊潭南路 1 号 D 座　100038） 网址：www.waterpub.com.cn E-mail：sales@waterpub.com.cn 电话：（010）68367658（营销中心）
经　　售	北京科水图书销售中心（零售） 电话：（010）88383994 、63202643 、68545874 全国各地新华书店和相关出版物销售网点
排　　版	中国水利水电出版社微机排版中心
印　　刷	北京瑞斯通印务发展有限公司
规　　格	210mm×285mm　16 开本　9 印张　348 千字　4 插页
版　　次	2019 年 11 月第 1 版　2019 年 11 月第 1 次印刷
印　　数	0001—2500 册
定　　价	36.00 元

四川省绵阳市海赋外滩项目，由电建建筑公司承建

四川省都江堰市青云阶项目，由电建建筑公司承建

贵州省贵阳市观山湖 1 号项目，由电建建筑公司承建

湖南省长沙市湘熙水郡住宅项目，由电建建筑公司承建

湖南省长沙市星湖湾项目，由电建建筑公司承建

江苏省宿迁县保险小镇 PPP 项目，由电建建筑公司
投资建设

江苏省宿迁县运河港 PPP 项目，由电建建筑公司投
资建设

四川省彭山县彭河大桥 PPP 项目，由电建建筑公司
投资建设

安哥拉卢班戈工业区 40MW 燃油电厂主发电机组项目，由电建建筑公司承建

刚果（金）恩吉利机场塔台项目，由电建建筑公司承建

博茨瓦纳卡玛国际机场航站楼，由电建建筑公司承建

安哥拉卢班戈体育场项目，由电建建筑公司承建

刚果（金）金沙萨人民宫广场项目，由电建建筑公司承建

苏丹麦洛维水电站装饰装修工程，由电建建筑公司承建

塔吉克斯坦杜尚别房建一期项目，由电建建筑公司承建

北京市永定河园博湖工程，由电建建筑公司承建，2014年获中国水利工程优质（大禹）奖

北京市大兴区念坛森林公园项目，由电建建筑公司承建

辽宁省宽甸满族自治县蒲石河蓄能电站下水库及金属结构安装工程，由电建建筑公司承建

吉林省丰满三期扩建永庆反调节水库左岸土建工程，由电建建筑公司承建

本书封面、封底、插页照片均由中电建建筑集团有限公司提供

《水利水电施工》编审委员会

前　言

　　《水利水电施工》是全国水利水电施工技术信息网的网刊，是全国水利水电施工行业内刊载水利水电工程施工前沿技术、创新科技成果、科技情报资讯和工程建设管理经验的综合性技术刊物。本刊以总结水利水电工程前沿施工技术、推广应用创新科技成果、促进科技情报交流、推动中国水电施工技术和品牌走向世界为宗旨。《水利水电施工》自 2008 年在北京公开出版发行以来，至 2018 年年底，已累计编撰发行 66 期（其中正刊 44 期，增刊和专辑 22 期）。刊载文章精彩纷呈，不乏上乘之作，深受行业内广大工程技术人员的欢迎和有关部门的认可。

　　为进一步提高《水利水电施工》刊物的质量，增强刊物的学术性、可读性、价值性，自 2017 年起，对刊物进行了版式调整，由杂志型调整为丛书型。调整后的刊物继承和保留了原刊物国际流行大 16 开本，每辑刊载精美彩页，内文黑白印刷的原貌。

　　本书为调整后的《水利水电施工》2019 年第 3 辑，全书共分 7 个栏目，分别为：特约稿件、土石方与导截流工程、混凝土工程、地基与基础工程、机电与金属结构工程、路桥市政与火电工程、企业经营与项目管理，共刊载各类技术文章和管理文章 30 篇。

　　本书可供从事水利水电施工、设计以及有关建筑行业、金属结构制造行业的相关技术人员和企业管理人员学习、借鉴和参考。

编者

2019 年 9 月

目 录

机电与金属结构工程

路桥市政与火电工程

企业经营与项目管理

Contents

Electromechanical and Metal Structure Engineering

Road & Bridge Engineering, Municipal Engineering and Thermal Power Engineering

Enterprise Operation and Project Management

落实我国水电发展"十三五"规划的意义

宁传新　张博庭/中国水力发电工程学会

【摘　要】　2019年已经进入"十三五"规划的后期阶段。此时此刻，梳理我国水电发展的"十三五"规划执行情况，总结水电规划执行过程中的经验和教训，对促进我国的经济社会可持续发展非常有必要。为此，本文将对我国水电发展的"十三五"规划的执行情况以及背后的社会原因进行分析，并从我国落实"巴黎协定"承诺，推进构建人类命运共同体的高度，阐述我国积极发展水电的重要作用和意义。

【关键词】　水电发展　"十三五"规划　能源转型　"巴黎协定"

2019年，已经进入了"十三五"规划的第四个年头。按照我国水电发展"十三五"规划的"全国新开工常规水电和抽水蓄能电站各6000万kW左右，新增投产水电6000万kW，2020年水电总装机容量达到3.8亿kW，其中常规水电3.4亿kW，抽水蓄能4000万kW，年发电量1.25万亿kW·h"的目标要求，我国水电发展"十三五"规划的进展时间和进度都稍显滞后。

1　我国水电发展"十三五"规划执行情况

据统计，截至2018年底，我国水电装机超过了3.5亿kW（其中抽水蓄能装机约3000万kW），发电量1.24万亿kW·h。对照我国水电发展"十三五"规划的发展目标，2019年和2020年我国常规水电还应投产近2000万kW，抽水蓄能投产约1000万kW，这些目标经过努力基本上都可以实现。然而，目前水电"十三五"规划中，差距较大的是抽水蓄能电站。据统计，截至"十三五"规划中期（2018年6月底），我国新开工常规水电2838万kW，占47.3%；新开工抽水蓄能电站1795万kW，仅占规划的29.9%。

众所周知，五年规划中的装机增长，往往都是已经开工在建的项目，所以，一般来说如果没有特殊情况出现，装机的增长还是比较容易实现的。但是，规划中新开工的项目，往往受行业发展环境的影响更大一些。

2　我国水电开发大幅度降速的原因分析

客观地说，近年来我国的水电开发确实遭遇到一些新问题。首先是由于我国电力产能过剩，造成电力消纳困难加剧。在火电机组利用小时大幅度下降的同时，我国水电弃水、风电弃风、光电弃光的（"三弃"）现象都十分严重。其中，由于水电的弃水主要集中在我国的四川和云南两个水电大省，所以当地的水电企业损失巨大，从而严重影响了水电企业开发新项目的能力和积极性。例如，电网部门公布的数据，2017年四川调峰弃水电量140亿kW·h，云南调峰弃水电量为125亿kW·h。但事实上，这些弃水量仅仅是从电网调度的角度统计的调峰弃水，而对于水电企业来说，更能反映弃水实际的是装机弃水。据中国水力发电工程学会统计，仅我国四川一个省2017年的装机弃水损失已经超过了550亿元，比调峰弃水量足足高出400多亿元。如此巨大的弃水损失对当地水电企业来说，几乎是难以承受的。例如，某流域公司"十三五"规划前后三年的经营利润，已经从最初的50亿元、20亿元，到最后降到接近于零。

其次，"十三五"规划期间我国已经不再沿用以往新建水电站的一站一价"成本加成"核定的上网电价，而是统一采用地区的平均上网标杆电价。这种定价方式的改革虽然有利于调动企业降低成本、提高效益的积极性，但也使得一些开发难度大、建设成本高、但长期效

益好的水电项目的开发变得更为困难。水电项目开发建
设的普遍特点就是初期的基本建设投资较大，但由于建
成后没有发电所需要的原料费用，所以还贷期过后的效
益将会非常好。然而，如果一定要在20～30年内完成
项目的还贷，一些新建水电站的电价难免就要高一些。
我国以往新建水电站的"成本加成"的电价政策，可以
说是一种克服水电开发弊端的成功经验。

记得前几年，国外的水电同行对我国水电的建设速
度惊叹不已，非常奇怪我国的水电投资怎么会如此之
多。深入交流过后，才发现其实是当时我国新建水电的
上网电价政策，对我国水电开发起到了保驾护航的作
用。通过这种政策让我国的电网企业成为了水电开发的
电价"蓄水池"，新电站在还贷期的电价虽然较高，但
完成还贷的老电站电价普遍非常低。所以，我国水电的
平均上网电价还是要比火电约低0.1元/（kW·h）。目
前我国的水电开发由于没有了电价的"蓄水池"，所以
项目开发的难度逐步加大和移民环保的成本不断上升，
这些各国水电在发展后期都必然遭遇到的问题，几乎已
经成为我国水电开发企业难以逾越的障碍。

总之，从宏观上看虽然电力行业的市场化改革，一
定是有利于行业长期发展的，但是对于水电开发必须要
想办法解决好水电企业的短期经营业绩考核与国家、社
会的长远利益之间的矛盾。解决社会发展百年大计的问
题，通常不是某个具体企业力所能及的，而一定是政府
的责任，一定要靠政府的规划、政策才能解决好。

3 抽水蓄能建设滞后的原因同样是能源转型遇阻

从目前的发展现状来看，抽水蓄能电站开工6000
万kW的规划目标，几乎是无法实现了。为什么结果会
是这样，这其实是与我们"十三五"规划的煤电控制目
标稍有突破紧密相连的。我国建设了太多的煤电厂，用
大大低于设计标准的利用小时的代价，取代了抽水蓄能
的电网调峰作用。这样一来，专门用来给电网调峰的抽
水蓄能电站，还怎么可能发展建设好？实际上，我国规
划的抽水蓄能电站之所以这样多，原因是不仅要给大量
的非水可再生能源调峰，而且还要给核电、煤电等适合
连续发电的电源提供服务，提高核电、煤电的发电效
率。但是，面对太多的煤电厂不断投产的压力，抽水蓄
能电站的现实发展也只能为此让路。

我们承认，世界各国在电力转型、煤电退出的过程
中让即将退役的煤电厂通过适当的改造承担一些调峰作
用，不仅是普遍的，而且也是经济的、可行的。但是这
样做的前提，绝对应该是在开启了煤电去产能的步伐之
后。而像我国这样，在煤电至今仍然是发展最快、增加
最多的产能品种的情况下，如果还大力提倡煤电机组进
行调峰，结果除了为那些无序发展的煤电披上合法的外

衣之外，当然就是要取代抽水蓄能电站的作用、挤占抽
水蓄能电站的市场空间、制约抽水蓄能电站的发展。

我国水电规划中抽水蓄能电站建设的执行状况，其
实就是我国能源转型艰难现状的真实写照。如果能源转
型的力度不够，控制不住无序发展的煤电，其结果一定
就是抽水蓄能电站发展不起来。

4 我国可再生能源发展太快了吗？

当前我国出现电力产能严重过剩的原因，并不一定
是某些舆论所宣传的水电（包括风、光电）发展得太多
了、太快了，很可能是我们对能源转型的理解出现了偏
差。过去，我们只认识到，只要大力发展可再生能源，
就是在实施能源转型。但是国际社会的共识（如"苏州
共识"）告诉我们，能源转型的核心要义，是主体（化
石）能源的变更。主体能源怎么样才能变更？当然一方
面是要大力发展可再生能源，另一方面还必须要有化石
能源的逐步减少和退出才能转型。客观地说，我国的能
源转型在这方面做得还不够。迄今为止，在我国电力行
业历年发展最快、增加最多的产能，仍然是燃煤发电。
尽管我国煤电发展的增速也在迅速下降，但是由于我国
煤电规模的基数非常大，截至目前我国能源结构的优化
还只是相对的。

当然，如果是为了保障国家的正常发展，即使是碳
排放量有所增加也是必需的。不过，有点令人费解的
是，同样是在2017年，我国由于电力产能过剩导致的
可再生能源"三弃"电量，已经超过了千亿千瓦时。对
于我国严重的"三弃"，不少人认为是由于我国可再生
能源的发展无序、增速过快，超过了市场的接受能力。
然而，是不是也有可能是我国煤电发展的减速不及时、
不到位，整个社会还缺乏煤电要逐步退出的意识所造成
的呢？

在上述两种看法中，目前占我国社会舆论主流的绝
对是前者。在这种舆论的误导下，我国的水电开发大幅
度减速，致使水电"十三五"规划难以按期完成，几乎
是必然结果。但是，同时我们也必须注意到我国政府在
国际社会上一再表示我国是"巴黎协定"最坚定的支持
者。我们靠什么来落实"巴黎协定"的承诺呢？当然是
大力发展包括水电在内的非化石能源。

5 我们的国际承诺与我国的能源转型

这里需要说明的是，在制定"十三五"规划的时
候，世界上还没有确定"巴黎协定"。当时，我国"十
三五"规划的发展目标，是根据联合国的2100年全球
要实现净零排放和我国政府的2020年和2030年的减排
承诺而制定的。随后，国际社会所通过的"巴黎协定"，
实际上比联合国的减排目标又有了大幅度的提高。"巴

黎协定"要求世界各国在 21 世纪下半叶，就要实现净零排放。也就是说，即使我们完美地实现了"十三五"规划的各项指标，我国的电力工业其实也只能满足联合国的减排目标要求，而与"巴黎协定"的要求还有相当大的差距。如果要实现"巴黎协定"的承诺，我们应该要超额完成我国"十三五"规划中各项可再生能源的任务指标。否则，我国连实现联合国的减排目标和 2030 年的减排承诺都成问题，更不用说什么"巴黎协定"了。

全球很多著名能源研究机构都普遍认为，如果要实现联合国的减排目标（2100 年净零排放），2050 年各国的发电构成中可再生能源至少要占到 85%；要想实现"巴黎协定"的目标，2050 年的发电能源中，应该接近 100%地使用可再生能源。同时很多能源研究机构也都认为，这完全是可以实现的目标。其实，各国到底能不能兑现"巴黎协定"的承诺，现在都可以用本国的电力发展规划进行检验。对照我国当前的电力行业发展现状，不难发现，我国当前的电力发展和我国对国际社会的减排承诺是脱节的。笔者认为：这种局面不可能长期的持续下去，随着时间的推移，必须要作出选择。要么也像美国一样，公开宣布我国退出"巴黎协定"；要么就完善我国能源电力转型中的短板，加快我国煤电去产能的步伐，同时，为了满足社会发展的能源需求，更大力地发展我国包括水电在内的各种可再生能源。

作为水电工作者，我们十分清楚地知道，我国的资源禀赋完全可以支撑我国能源供给，在满足社会发展需要的同时，实现满足"巴黎协定"的成功转型。

具体来说，只要我们在继续大力发展水电和各种非水可再生能源的同时，加快煤电去产能的步伐，我国在 2050 年的电力构成中 85%，甚至 100%来自可再生能源，都是有可能办到的。总之，站在这个高度上看，就会发现当前我国电力行业发展的主要问题，绝不是可再生能源的发展无序和增长过快，而是煤电的产能不仅不逐步退出，而且还要持续快速增长。

6 新建水电站成本过高的问题可以解决

目前我国水电发展的困境，除了市场问题之外，还有开发成本上升造成的新建电站电价过高的矛盾。通过前文分析，我们应该知道即使是我国西南地区的水电开发项目成本急剧上升，也并非没有市场竞争力。一般来说，我国大中型水电站的实际生命周期都不会少于数百年。按照 100 年、200 年计算，我国西南地区的水电哪一个会没有市场竞争力？遗憾的是我们的社会不会容许具体企业按照百年进行成本核算。所以，对于我国西南地区的水电来说，缺少的其实并不是市场竞争力，而是一个国家层面的电价"蓄水池"。然而，相比我国兑现"巴黎协定"的承诺，在国家层面建立一个这样的电价

"蓄水池"难度并不算大。

7 结语

总之，落实好我国水电发展"十三五"规划，意义非常重大。众所周知，构建人类命运共同体是党的十九大提出来的重要目标。我们不能否认，目前全世界最重要、公认的人类共同命运，就是人类应对气候变化的"巴黎协定"。当前，我国水电"十三五"规划的贯彻实施过程，其实也是我们构建人类命运共同体和维护各种行业发展既得利益之间的一种博弈。很显然，发展水电和非水可再生能源的行业利益和构建人类命运共同体的目标是一致的，而煤电的无序扩张建设，却是与构建人类命运共同体背道而驰的。目前，在我国水电发展遭遇到困境之际，我们之所以还要坚持积极发展水电的信心，是因为我们相信，我国的国际承诺和能源电力行业的现实发展情况背道而驰的状况一定暂时的。而让我国电力行业的发展与我们的对外承诺统一起来的这种巨变，随时都可能到来。这种巨变，一定会要求我们更大力地加速我国水电和各种可再生能源的发展。为此，我们应该做好准备。

幸运的是，水电和非水可再生能源的行业利益和构建人类命运共同体是一致的。目前，我们之所以还要坚持"十三五"规划的目标，坚持积极发展水电的信心，是因为我们相信，整个社会总有一天会发现，我国目前的国际承诺和能源电力行业的发展现实情况是矛盾的，而让电力行业的发展与我们的对外承诺统一起来的这种巨变，随时都可能到来。这种巨变，一定会要求我们更大力地加速我国水电和各种可再生能源的发展。

参考文献

[1] 张博庭."十三五"规划与我国水电的发展 [J].中国电力企业管理，2017 (1)：20 - 24.

[2] 王亦楠.推进"能源革命"需要深化供给侧结构性改革 [J].中国经济周刊，2017 (8)：75 - 79.

[3] 张博庭.如何破解西南水电弃水的困境 [J].四川水力发电，2017，36 (6)：116 - 121.

[4] 张博庭.能源革命势不可挡，抽水蓄能方兴未艾 [J].水电与抽水蓄能，2017，3 (4)：1 - 5.

[5] 胡佳逸.八项"苏州共识"发布 [N].苏州日报，2016 - 11 - 01 (A02).

[6] 张博庭.电力产能过剩的深层次原因是能源结构恶化 [J].中国经济周刊，2015 (32)：76 - 78.

[7] 中国网.新闻办发布会介绍《中国应对气候变化的政策与行动 2018 年度报告》[EB/OL]. [2018 - 11 - 26]. http：//www. gov. cn/xinwen/2018 - 11/26/content _ 5343360. htm.

[8] 国家发展和改革委员会能源研究所.中国 2050 高比

例可再生能源发展情景暨路径研究报告［R］. 北京：2015.

［9］ 巴黎气候变化大会达成历史性协定［J］. 中国海事，2015（12）：59.

［10］ 朱旌. 世界 2050 年前有望全部使用可再生能源［N］. 经济日报，2017 - 04 - 12（009）.

［11］ 张正. 迈开能源革命、电力转型的步伐［J］. 中国电业，2018（9）：20 - 21.

浅谈"一带一路"倡议对公司发展的机遇

聂俊华/中国电力建设集团有限公司

【摘　要】"一带一路"倡议是党中央、国务院统筹国际国内大局作出的重大战略决策，对稳定经济增长，开创我国对外开放新格局，推进中华民族伟大复兴进程，促进世界和平发展，都具有重大现实意义。该倡议从2013年提出，短短的6年时间，得到有关各方的积极响应，目前正在走向深入合作的新阶段。2019年4月，第二届"一带一路"国际合作高峰论坛在北京隆重举行，习近平主席出席开幕式并发表重要讲话。这一倡议的伟大实践对中国、亚洲乃至世界影响深远，对中国电力建设集团有限公司（以下简称中国电建）这样的大型建筑企业发展则是重大机遇。

【关键词】　"一带一路"　建筑企业　发展机遇

1 "一带一路"对建筑企业是重大机遇

"一带一路"作为一个大倡议，基于长期发展的规划不断推进，无论是陆上还是海上，它都需要大量的投资。基础设施建设、互联互通是倡议重点，海外基建工程景气度已经提升并有望加速上行，建筑企业特别是海外承包公司将迎来历史发展新机遇。

1.1 巨大现实的市场需求

"一带一路"贯穿亚欧非大陆，一头是活跃的东亚经济圈，一头是发达的欧洲经济圈，中间广大腹地国家经济发展潜力巨大。丝绸之路经济带重点方向：中国经中亚、俄罗斯至欧洲（波罗的海）；中国经中亚、西亚至波斯湾、地中海；中国至东南亚、南亚、印度洋。21世纪海上丝绸之路重点方向是从中国沿海港口过南海到印度洋，延伸至欧洲；从中国沿海港口过南海到南太平洋。沿线大多数是新兴经济体与发展中国家，普遍处于发展的上升期。各国资源禀赋各异，经济互补性较强，彼此合作潜力和空间很大。

"一带一路"建设，交通运输、建筑建材、能源建设、比较优势制造业等方面的行业将受益，都将迎来新的商机，但基础设施建设或将首先受益。习近平主席在加强互联互通伙伴关系对话会上提出：以亚洲国家为重点方向，率先实现亚洲互联互通。以交通基础设施为突破，实现亚洲互联互通的早期收获，优先部署中国同邻国的铁路、公路项目。《推动共建丝绸之路经济带和21世纪海上丝绸之路的愿景与行动》（以下简称《愿景与行动》）中提出：基础设施互联互通是"一带一路"建设的优先领域。沿线国家宜加强基础设施建设规划、技术标准体系的对接，共同推进国际骨干通道建设，逐步形成连接亚洲各次区域以及亚欧非之间的基础设施网络。抓住交通基础设施的关键通道、关键节点和重点工程，优先打通缺失路段，畅通瓶颈路段，配套完善道路安全防护设施和交通管理设施设备，提升道路通达水平。

中国把促进国际基础设施合作作为未来经贸、外交战略的一个大方向。世界范围内，基础设施的互联互通已成为一种趋势，非洲通过了旨在促进非洲基础设施发展、提高互联互通程度的《非洲基础设施发展规划》；2013年，欧盟也就"连接欧洲设施"计划达成了一致。基础设施的安全畅通是加强贸易、促进人员往来与文化交流的前提，在构建"一路一带"中处于基础性的地位。"一带一路"建设首要的任务是要实现区域基础设施的互联互通，而这也已成为国际基础设施投资与建设合作中的优先领域和重点方向。

基础设施在全世界范围内是一个瓶颈，而亚洲这一问题更为突出。除新加坡外，东盟国家和中亚地区工业化程度均不高，基础设施落后，对管线、铁路、港口、机场、电信、核电等基础设备和能源设备需求量巨大。根据《全球建筑2020》报告，全球建筑市场将以年均4.9%的速度增长，增至2020年的12.7万亿美元，占全球总产出的14.6%。其中，中国、印度、俄罗斯、巴西、波兰以及美国将成为建筑业增长的主要阵地。普华永道预计，全球基础设施投资未来十年将加速增长，是亚洲地区投资增长的主要推动力。

"一带一路"沿线总人口有 44 亿人，约 21 万亿美元的经济规模，分别约占全球的 63％ 和 29％。随着"一带一路"倡议的实施，建筑企业将最先受益，"一带一路"倡议将加速中国企业走出去步伐。加强"一带一路"建设，加快同周边国家和区域基础设施互联互通建设，是对外开放格局的重要内容。这些建议将具体化为道路、铁路、航运等基础设施领域的联通项目，这将为中国承包工程企业带来巨大的市场机会。

国内，仅《愿景与行动》第六部分"中国各地方开放态势"中，提到的就有新疆、陕西等 18 个省份。这意味着"一带一路"也是国内各地方经济发展的又一次总动员，无疑将会掀起新一轮投资和建设热潮。

1.2 坚实可靠的保障

（1）党和国家高度重视。国家对"一带一路"倡议空前重视。对外，习近平、李克强等党和国家领导人通过出访几十个国家、出席加强互联互通伙伴关系对话会、参加中阿合作论坛第六届部长级会议，就双边关系和地区发展问题，多次与有关国家元首和政府首脑进行会晤，深入阐释"一带一路"的深刻内涵和积极意义，就共建"一带一路"达成广泛共识。具体落实有关工作，大的举措不断。

（2）多渠道多层次资金支持。长期以来，对于发展中国家来说，发展融资，特别是基础设施建设、长项目工程建设融资都非常困难。原因是现行的国际金融机构能力有限，私人金融机构投资意愿不强，进而导致基础设施发展滞后，发展的综合环境改善缓慢。通过"一带一路"，创建合作性融资机构和其他多种形式的金融机构，可以破解融资瓶颈，中国可以在这个平台上发挥更大的作用。当前，中国倡导成立的金砖国家银行、亚洲基础设施投资银行（AIIB）、上海合作组织发展银行，以及丝路基金等都将为"一带一路"的建设提供必需的资金保障。

1）亚洲基础设施投资银行。1000 亿美元注册资金，中国出资占 50％。亚洲基础设施投资银行的主要作用：技术贷款援助、项目能力构建、直接放贷、股权投资、财务可行性缺口保障资金。具有资本优势和产业比较优势的中国，将是其中的最大受益者。中国的基建产业链企业，将会实质性受益于中国走出去战略带来的需求大增长。

2）丝路基金。"一带一路"沿线国投资 400 亿美元建立丝路基金，为"一带一路"沿线国基础设施建设、资源开发、产业合作等有关项目提供投融资支持。而且，丝路基金是开放的，欢迎亚洲区域内外的投资者积极参与。

3）金砖国家开发银行。1000 亿美元注册资金，中国出资占 50％。

4）海上丝绸之路银行。此外还有政策性银行、商业银行、地方政府打造的地方丝路基金支持等。

（3）亚洲经济强劲发展的支撑。最近几年，亚洲已成为世界经济发展的重要引擎，对世界经济增长贡献最大。2013 年区域内贸易整体依存度达到 53.01％，即超过一半的贸易都来自亚洲的近邻。区域国家的抱团取暖带来了经济的高速发展。2014 年，中国和印度的经济增速都达到 7.4％，亚洲整体增速达 5.5％，远超世界 2.6％增长速度。中国大陆经济体对世界经济贡献率近三成（29.27％），超过美国（22.4％）和欧元区（16.8％）。2015 年以来亚洲经济历年增长势头不减，一直是世界经济发展的第一推动力。而中国是全世界最具有发展活力的国家之一。亚洲经济的高速发展和区域内国家协同与合作将进一步深化，这些都为"一带一路"的建设提供了有利条件。

（4）强化多边合作机制作用。发挥上海合作组织（SCO）、中国—东盟"10＋1"、亚太经合组织（APEC）、亚欧会议（ASEM）、亚洲合作对话（ACD）、亚信会议（CICA）、中阿合作论坛、中国—海合会战略对话、大湄公河次区域（GMS）经济合作、中亚区域经济合作（CAREC）等现有多边合作机制作用，相关国家加强沟通，让更多国家和地区参与"一带一路"建设。

继续发挥沿线各国区域、次区域相关国际论坛、展会以及博鳌亚洲论坛、中国—东盟博览会、中国—亚欧博览会、欧亚经济论坛、中国国际投资贸易洽谈会以及中国—南亚博览会、中国—阿拉伯博览会、中国西部国际博览会、中国—俄罗斯博览会、前海合作论坛等平台的建设性作用。倡议建立"一带一路"国际高峰论坛等。

（5）人民币国际化。随着中国的崛起，人民币国际化战略成为一个必然选择。而当人民币可以和其他主要货币进行直接兑换之后，意味着中国央行资产负债表中，过去被作为货币发行保证金的外汇储备将被释放出来，成为可以动用的一种战略性资产。人民币国际化释放的巨额的外汇储备，将是中国实行资本输出战略的重要保障。

2 公司参与"一带一路"建设的优势

除作为大型中央建筑企业的影响力外，中国电力建设集团有限公司（以下简称中国电建）还有以下几个优势。

2.1 雄厚实力和国际知名品牌

中国电建是集水利电力工程及基础设施投融资、规划设计、工程施工、装备制造、运营管理于一体的综合性建设集团。获得穆迪 A3 和标普 A－信用评级；位居 2018 年《财富》世界 500 强企业第 182 位、2018 年中国企业 500 强第 41 位、2018 年 ENR 全球工程设计公司 150 强第 2 位、2018 年 ENR 全球工程承包商 250 强第 6 位；连续六年获评国务院国资委中央企业负责人经营业绩考核 A 级企业。

公司拥有工程勘察、设计、施工、总承包特、公路工程、房屋建筑、电力工程、施工总承包进出口贸易权、对外工程承包经营权等资质权益，精通 EPC、FEPC、BOT、BT、BOT＋BT、PPP 等新型商业模式及运营管理；拥有世界一流的综合工程建设施工能力、世界顶尖的坝工技术、世界领先的水电站机电安装施工、地基基础处理、特大型地下洞室施工、岩土高边坡加固处理、砂石料制备施工等技术，具有大中型水利水电工程设计、咨询及监理、监造的技术实力。

公司水利水电规划设计、施工管理和技术水平达到世界一流，水利电力建设一体化能力和业绩位居全球第一，是中国水电行业的领军企业和享誉国际的第一品牌。截至 2018 年 12 月底，中国电建在境外 116 个国家有项目，设有 373 个驻外机构，包括代表处 100 个、分公司 107 个、子公司 166 个。在境外工作中方员工约 3 万人，雇用项目所在国及第三国员工约 6 万人。雇用项目所在国员工占 67.05％；雇用第三国人员占 5.83％。海外业务以亚洲、非洲为主，辐射美洲、大洋洲和东欧，形成了以水利、电力建设为核心，涉及公路和轨道交通、市政、房建、水处理等领域综合发展的"大土木、大建筑"多元化市场结构。中国电建拥有的中国电建（POWERCHINA）和中国水电（SINOHYDRO）、中国水电顾问（HYDROCHINA）、山东电建（SEPCO）等多个知名母子品牌蜚声海内外，具备较强的国际竞争力和影响力。公司承建了众多全球知名大型标志性工程，多次荣获海外工程金质奖、国际工程鲁班奖等。

2.2 市场区域与"一带一路"高度契合

中国电建是中国最大的海外工程承包商之一，业务遍及亚非欧美 90 多个国家和地区，业务区域分布与"一带一路"沿线高度吻合。中国电建是最早开拓国际业务的中央企业集团之一，近年来，中国电建海外新签订单增速稳步向上。目前境外项目超过 5000 个，业务主要集中在东南亚、南亚、中亚、西亚、北非、西非等发展中国家区域。

2018 年，中国电建在"一带一路"沿线 65 个重点国家中的 39 个国家新签对外承包工程项目合同近 400 份，新签合同额 1247 亿元，同比增长 6％，占同期集团国际业务新签合同额的 57％。

2.3 与相关国家和国内省市有良好的合作关系

由于中国电建在海外经营多年，其成员企业水电顾问、水电国际、电建海外投资、水电十三局、水电十一局、山东电建、山东电建一公司、中南院等通过多种形式与相关国家政府、政府官员建立和保持着工作联系，各自拥有海外营销网络。如水电国际营销网络以 113 个驻外机构覆盖 85 个国家和地区，通过国家、集团上层、企业自身领导及代理等多层次与各国政府机构、当地业主等建立良好的合作关系；山东电建三公司通过举办"驻华大使狮子湖峰会"等形式与一些国家保持高端对接。通过长期的项目合作，公司（成员企业）与项目所在国家和地区政府、业主等建立了坚实的良好合作关系。

中国电建自成立以来，已与西藏、四川、陕西、云南、青海、山东、福建、广东、河南、海南、湖南、湖北、吉林、北京、浙江、江西、宁夏等 30 个省（自治区、直辖市）的各级政府及中国建设银行、神华集团、通用电气等 40 多个企业集团、大学等签署了战略合作协议，建立了战略合作关系。

3 几点启示

"一带一路"倡议从国家和双边关系等层面看，还面临很多挑战和需要解决的现实问题，但从总体和长远看，对中国电建发展来说是重大机遇。

3.1 乘势发展，充分把握利用机遇

近两年来，国内经济下行压力增大，特别是固定投资放缓。专家分析，2019 年经济依然面临下行压力，中国整体经济运行不容乐观，预计全年经济增长在 6％左右。建筑企业市场竞争更趋激烈，这种背景下，进一步落实国际优先战略，积极拓展海外业务，显得尤为迫切。

以往成员企业在海外开拓市场，基本上是"自己搭台、自己唱戏"，广种薄收，市场深耕力度不够，在一个国家或区域持续获取订单的能力不足。"一带一路"倡议下，由于国家的推动，造就了"国家搭台、企业唱戏"的有利格局，在国家大力支持和部署企业积极参与相关国家和地区项目建设的大好形势下，找订单、拿项目、投融资各方面都出现前所未有的宽松局面。

因此，要紧紧抓住这一重要机遇，深入研究"一带一路"国内外区域市场，加大沿线国家基础设施、能源等市场营销力度，深度参与国际建筑市场的博弈，强力推进全球市场布局和全球资源配置；以期赢得更多的商机和优势，为实现世界一流质量效益型公司打下坚实基础。

3.2 加强协同，抱团出海

中国电建"优先发展国际业务"战略由特级、A 级成员企业中的平台公司和重要子企业实施落地。如水电

顾问、水电国际、电建海外投资、水电十三局、山东电建三公司等成员企业有相当比重的海外业务，都非常重视"一带一路"的契机，将之列入各自发展规划。如果中国电建在集团层面的统筹协调力度不够，可能出现成员企业各自为战，缺乏优势合作和有效协同，分散跟踪市场等弊端。从整个集团层面看，将不能充分发挥产业链一体化优势和品牌优势，可能造成资源浪费、效率打折、力度不够、效果不佳等一些问题。因此，在中国电建集团层面应做好战略引领，根据成员企业各自优势，加强集团内部资源整合，避免成员企业单兵突进，互不协同。建立协调机制，由集团总部相关职能部门或由相关业务优势成员企业牵头，通过定期或不定期召开专题会等形式，就有关国家和区域的市场跟踪、研究、进入等问题进行沟通。对不同区域、不同国家项目的跟踪、获取，可根据成员企业各自优势和项目特点，进行科学分工、互通信息、加强内部合作、抱团营销、集体围猎。全方位对接"一带一路"倡议的推进，做到有的放矢、优势互补、协同推进，按照市场化要求，资源、成果按贡献共享，风险按预期和实际收益共担。

在此过程中，应加快推进中国电建"一带一路"信息平台建设，为开展相关规划研究及项目实施做好信息服务，便于对相关国家或区域信息收集、市场研究和成员企业间有关信息的交流与共享。

3.3 创新方式，加强与有关各方合作

（1）加强与"一带一路"国内各重点省区的合作。目前，经济下行的大势下，各省市保增长的任务压力很大。各地都在积极利用这一倡议带来的机遇，将地方自主发展、创新发展、开放式发展的能力和潜力释放出来。参与"一带一路"建设的积极性高、期望值高，分别提出建设新起点、黄金段、战略基地和重要支点、新门户新枢纽、核心区等设想。据调查，河南、陕西、甘肃、青海、宁夏、新疆、重庆、四川、云南、广西等中西部10省（自治区、直辖市）；江苏、浙江、广东、福建、海南等东部5省参与其中，部分"区域段"已有框架规划，并启动项目建设。正在有更多省市进行了内部规划，力争将本省城市纳入规划。

在"一带一路"国内区域建设中，新疆、福建、陕西、广西、江苏、浙江由于其位置优势，属于重点投资建设地区，特别是新疆经济发展水平较低，基础设施发展空间大。随着"一带一路"倡议落地，中国电建须重点加强与以上各省的战略合作力度，特别是应尽快与新疆、广西、江苏等集团在该省区没有成员企业、涉及"一带一路"重点承接的省区进行高端对接，建立战略合作关系，以便抓住有利商机，参与到地方各项建设之中。业已建立战略合作关系的，开展持续的针对性高端营销，确保锁定的项目全面落地。

（2）加强与"一路一带"所在的国家的合作。中国电建国际业务大部分分布在"一带一路"国家沿线，并且与相关国家通过项目业务有着友好合作的历史和现实基础。新形势下，中国电建应根据"一带一路"倡议推进节奏，以项目为依托，紧跟国家高层与有关国家就相关问题对接的步伐，加强高端营销。同时，组织协调各成员企业按照跟踪项目、拿订单的实际需求，分层分级与有关国家对应对接。常规性项目业务可由成员通过代理、驻外机构和企业领导对接，大型项目或难度较大的可由集团领导亲自与所在国政府高层对接；标的数额特大、影响面广、难度再大一些的项目，可由集团领导从政策高度向国家有关部委建言推动与目标国进行国家级别的对接。通过把中国电建项目上升为国家事务，依托国家有关部委以国家名义推动双边合作。同时还可以通过与"一带一路"沿线各国区域、次区域相关国际论坛、展会以及博鳌亚洲论坛、欧亚经济论坛、中国—东盟博览会等交流平台，多层次多渠道向相关国家推介公司品牌和实力，交流发展合作关系。通过各层级的对接，在维持、发展良好的合作关系基础上，进一步拓宽双方合作的领域，增强合作的深度，力争打下"持久的根据地"。

（3）加强与建筑同行、金融、相关中介机构的合作。合作共赢是21世纪经济发展的主流模式，研究也表明基业长青的企业都是开放的体系。中国电建必须以开放的心态，创新方式，加强与有关各方的合作。如通过相互参股等方式与其他建筑央企广泛开展合作，实现业绩和资本的放大，减少竞相杀价、恶性竞争；在集团综合资信平台上，与建筑民企在新的区域市场、新兴行业领域上加强合作，发挥其灵活的体制、机制优势；在全供应链基础上，与装备制造、物流商等供应流通链上的其他相关企业开展多种形式合作，降本增效。此外，还可根据需要，与银行、基金等金融机构和中介机构进行合作，以实现优势互补，共享公共关系、发展机会，共担风险、共享成果。

3.4 整合资源，集中力量瞄准大项目大市场

虽然"一带一路"建设有着巨大的市场机会，但参与主体众多，竞争也将比较激烈。从国内几家建筑央企的经营发展看来，取得骄人的业绩，主要得益于大项目、大市场。

大项目一般具有业主投资多、影响大、中标难、收益和风险匹配高，项目管理、风险管控、施工履约等各个方面要求都高、难度大等特点。对于像中国电建这样的大型建筑企业，拿到并做好大项目，对企业发展往往能起到固本培元、提质增效、树品牌、练队伍、培养人才等重要作用。在为企业经营发展提供可靠的项目增量、稳增长的同时，也有利于引领、整合整个成员企业发挥各自优势，消化过剩产能，形成专业化优势，实现企业核心竞争力的新陈代谢。

因此，中国电建应以水电、火电、基础设施等为专业板块进行梳理，整合成员企业优势资源，为客户打造从规划、可研、融资、EPC到运维管理的全产业链一条龙服务，形成具备国际项目竞争、实施经验和能力的成员企业组合，攥紧拳头，出击海外市场，通过有效发挥全产业链优势，力争拿到大项目，运作项目群。通过抓重点项目，撬动辐射拓展相关国家和区域的大市场。

3.5 紧抓机遇，推动基础设施业务转型升级

中国电建进入基础设施领域以来，业绩斐然，已经跨入国内建筑同行的第一梯队。但由于进入时间短等多种原因，实力、经验、规模等相比中国建筑、法国万喜等国内外一流企业仍然存在一定距离。市场主要在国内，且大部分靠投资拉动，完全竞争性业务占比较小，海外市场基本是在亚、非一些相对落后的国家，发达国家项目很少。中资企业参与全球竞争不仅面对发达国家回归传统建筑市场的挑战，还要面临新兴国家经济体日趋成长的竞争，企业要实现质量效益型世界一流企业目标，必然要进入全球高端市场，与跨国公司直面竞争。

目前受制于多种因素，中国电建基础设施业务投资建设还不具备大举进攻世界高端市场的能力和条件。"一带一路"建设中，首先布局的是基础设施的互联互通。加之沿线国家基础设施需求量巨大，基础设施业务大有可为。可以抓住"一带一路"建设的有利时机，在海外把基础设施业务做实、做宽、做深，为进军国际高端建筑市场秣马厉兵。通过积极参与"一带一路"可以实现以下目标：建设提升施工管理、总承包等水平；转型升级为进军发达国家市场打牢基础；以大视野、跨国公司的目标，锻炼成员企业骨干企业，在人才队伍、市场开拓、项目管理、履约等多个方面实现转型升级，为打入发达国家高端市场做好准备；造就一批优势明显的专业公司。

中国电建成员企业目前同质化程度较高，专业优势在全国同行业中不突出。通过参与"一带一路"建设，让基础较好的企业实现转型升级，形成一批有明显专业优势的拳头公司。

3.6 战略、战术并重，防控重大风险

（1）战略上，充分利用大势，强力开拓，积极布局。国有经济是党执政的基础，而中央企业是国有经济的主要支柱，是党和国家组织社会经济建设的重要抓手，对内是国家重大战略的主要执行者，对外代表国家竞争力。中央企业理论上是完全的市场主体，实际上在运作过程中，从投资战略、主业发展到高层任免、业绩考核、履行社会责任等重大事项都要服从党和国家的各项决策和部署。

随着"一带一路"倡议推进，中国在重塑全球经济治理结构中拥有更大话语权，同时也将承担更多的责任和风险。为推动倡议落地，国家正在积极部署国内企业参与"一带一路"建设。联合中资企业，重构中资企业海外竞争秩序，更好地服务国家战略，化解国际经营风险，将理所应当地成为中央企业的使命。作为世界水电知名品牌央企，公司积极投身"一带一路"建设，从国家层面看，是一种责任和义务，同时也是企业自我发展的需要。中央企业年终经营情况、业绩如何，由代表国家的国资委组织考核，综合评定。积极参与国家"一带一路"建设，在考核中只会增分，不会减分。

在国家积极推动"一带一路"的大背景下，对于以优先发展国际业务为战略的公司而言，日益强大的国家，"一带一路"沿线众多国家的响应参与和巨大市场需求，国家一系列重磅利好政策，都是中国电建进一步拓展国际业务难得的外部环境。因此，应以此为契机，统筹集团内外资源，创新商业模式，积极布局，大力开拓国际业务，实现集团产业的战略延伸和升级，大力提升海外项目的运作能力。

（2）战术上，在积极响应国家战略，利用机遇大力开拓国际业务的同时，要全面研究分析"一带一路"战略风险点，全面审视每一个项目，把控风险，寻找商业和社会利益最佳结合点，想深、谋细各个环节，务实做好每一个工程。

在跟踪、投标、签约具体项目时，要比以往更加审慎，全面细致深入做好可行性研究。因为随着海外业务的增多，海外环境的变化，海外经营的风险也在加大；此外，"一带一路"涵盖的国家多为发展中国家和新兴经济体，经营环境相对不稳定，投资风险比较高。世界经济论坛发布的《2015年全球营商环境报告》显示，在全球189个国家和地区中，中亚、南亚以及西亚主要国家均排在100名之后，其营商环境现状不利于开展投资活动。印度、印尼、巴西、阿根廷、埃及、南非、越南、土耳其、泰国、菲律宾、匈牙利等国家即将直面外部环境剧变带来的冲击，很多国家的主权信用风险将快速上升，而且经济形势的恶化也可能加剧这些国家政局稳定的压力，加大了经营活动的风险。要全面梳理面临的各类风险包括政治风险、商业风险、项目常规业务风险和非传统安全等各类重大风险，确保总体风险可控。要对成员企业相关业务能力的短板有清醒的认识，不断提高不同环境下项目经营和管理能力，力争做好做精拿下的每一个项目。

在国家强力布局、众多中资企业热情高涨参与"一带一路"的氛围中，决策更要理性。在此过程中要注意防止两种倾向：一是盲目进行扩张而"饥不择食"，拿下许多难以下咽又弃之可惜的海外项目，最终不知为谁辛苦为谁甜，特别是一些资源类项目；二是为了搞形象工程和面子工程，前期论证研究不深入，准备不充分，明知有风险仍要仓促上马。两类倾向在中资企业都是有过深刻教训的。

4 结论

"一带一路"倡议是一个宏观、立体、长远的体系。在此过程中，尚有相当的障碍和问题需要协商解决，相当的环节运作需要一定的时间和条件才能真正进入实质阶段。如从双边合作协议签署到项目合作有一个过程，有的甚至存在一些变数；再如国家和政策性金融机构目前多是提倡议、宏观性的东西。相关机构有边走边看，雷声紧、雨点慢的倾向。亚州基础设施投资银行、金砖国家银行、上海合作组织开发银行等这些机构实质运作需要假以时日，目前无法讨论和形成实际的合作，远水难解近渴。这些因素对于生产经营而言如果没有足够的重视和筹划，机遇可能会演变为风险。提前介入可能会陷入被动，滞后可能会丧失机会。

土石方与导截流工程

海外高含沙河流水电站排沙运行方式的研究与运用

晏洪伟　董江波/中国电建集团海外投资公司

【摘　要】　尼泊尔上马相迪A水电站库沙比非常小，库区泥沙淤积问题较为突出。随着库区泥沙的不断淤积，引水含沙量不断增加，不仅影响发电效益、加速机组过流部件磨损，甚至会造成泄洪闸门无法正常开启。本文通过对实测水文泥沙资料、断面平均流速及泥沙水下休止角的分析，确定了合理的排沙时机和排沙运行方式，运用效果显著。

【关键词】　高泥沙河流　水电站　排沙运行方式　研究与运用

1　概述

尼泊尔上马相迪A水电站位于喜马拉雅山南麓尼泊尔境内，山高坡陡，地质条件复杂，加之气候湿润多雨，滑坡泥石流多发，河流中泥沙来源丰富。坝址控制流域面积为2740km²，年来水量约30亿m³，多年平均悬移质年输沙量为701万t，推移质年输沙量为211万t，年总输沙量为912万t；汛期悬移质年均含沙量为2.49kg/m³。水库总库容为59.3万m³，正常蓄水位以下库容为52.2万m³，库沙比仅0.06，属泥沙问题比较严重的水库。

水电站正常蓄水位为902.25m，死水位为901.25m，调节库容仅7.6万m³，基本无调节能力。坝前正常壅水高度为14.5m，回水长度为1.2km。2017年汛期，实测坝前最大淤积高程达900m（淤积厚度约12m），库尾最大淤积高程达902m。泥沙淤积不仅导致水库有效库容减少，引水含沙量增加，而且会影响闸门正常启闭，甚至会造成洪水漫坝风险。另外，随着引水含沙量的不断增加，引水渠工作闸门前后也将出现一定淤积，当淤积达到一定程度时，将导致引水渠过流能力不足，无法满足发电引水流量要求。

2　基本思路

2.1　将近坝库区作为一级沉沙池，减少引水含沙量

随着泥沙的不断淤积，库区内过水断面逐渐减小，水流流速逐渐增加，近坝库区作为一级沉沙池的沉沙效率逐渐减弱。当引水渠进水口前断面平均流速接近引水渠内流速时，将使进入引水渠的含沙量与入库泥沙含量基本一致。此时，近坝库区作为一级沉沙池的作用降至最低。因此，如能在引水渠进水口前断面平均流速接近引水渠内流速前，及时排除近坝库区淤积泥沙，将有效减少引水含沙量。

2.2　通过泥沙水下休止角，计算坝前泥沙最大允许淤积高度

随着泥沙的不断淤积，当库区内泥沙淤积面推移至坝前时，将会影响泄洪闸门的正常开启，进而威胁电站安全运行。因此，通过对泥沙水下休止角的研究，可以计算出坝前泥沙最大允许淤积高度，并在坝前泥沙达到最大允许淤积高度前及时排除坝前泥沙，确保电站运行安全。

3 排沙时机

3.1 通过实测水文泥沙资料选择排沙时机

根据 2017 年实测水文泥沙资料，可以得到淤积量与来沙量之间的关系（图 1）。

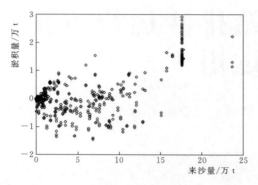

图 1 淤积量与来沙量的关系

从图 1 可以看到，库区泥沙淤积主要发生在几次较大来沙过程中，因此，排沙时机应选择在大水大沙条件下。

根据 2017 年实测水沙资料，可以得到入库流量和含沙量的变化过程（图 2）。

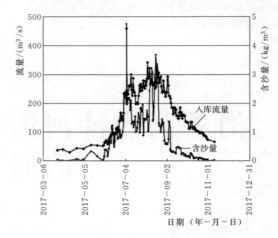

图 2 入库水沙过程

从图 2 可以看出，入库流量与含沙量相关性较好，呈现入库流量越大、含沙量越大的特点。

实测资料显示，电站来水来沙主要集中在汛期（6—10 月），该时段来沙量占全年来沙量的 90% 以上，平均含沙量为 0.98kg/m³，平均入库流量为 211m³/s（表 1）。

表 1   电站 2017 年入库流量及含沙量统计表

月　份	1	2	3	4	5	6	7	8	9	10	11	12
月平均流量/(m³/s)	33.2	30.8	31.4	41.6	54.7	116.2	286.0	333.45	210.4	112.5	57.8	39.3
最大日均流量/(m³/s)	39.2	33.9	49.8	52.7	69.0	191.1	365.8	380.3	337.2	153.1	71.7	43.9
月平均含沙量/(kg/m³)	0.01	0.01	0.04	0.02	0.17	0.66	1.74	1.87	0.43	0.10	0.02	0.02
日最大含沙量/(kg/m³)	0.01	0.01	0.04	0.05	0.32	1.22	4.74	3.68	1.36	0.25	0.03	0.04

通过分析，排沙时机可选择在入库流量大于 250m³/s、含沙量大于 3.74kg/m³ 时进行。此时来沙系数为 0.015（kg·s）/m⁶。

3.2 通过断面平均流速选择排沙时机

（1）引水渠断面。引水渠设计流量为 50m³/s，断面为矩形，宽度为 8m，正常蓄水位水深为 6m，通过计算可知引水渠流速为 1.04m/s。

（2）坝前断面。选择坝前 20m 处（引水渠进口前）作为计算断面，并将 250m³/s 作为计算入库流量，通过计算，得到该断面不同淤积高程所对应的断面平均流速（表 2）。

从表 2 可以看出，当坝前 20m 断面泥沙淤积高程达到 899m 时，断面流速接近引水渠流速。因此，排沙时机可选择在坝前 20m 断面泥沙淤积高程达到

899.00m 时。

表 2   坝前断面淤积高程与断面平均流速计算表

断面淤积高程 /m	过流面积 /m²	入库流量 /(m³/s)	断面平均流速 /(m/s)
895.0	533	250	0.47
896.0	464	250	0.54
897.0	394	250	0.63
898.0	323	250	0.77
899.0	252	250	0.99
900.0	181	250	1.38
901.0	108	250	2.31

3.3 通过泥沙水下休止角选择排沙时机

为便于分析，同样选择坝前20m处作为计算断面。根据河道泥沙取样试验，静水条件下泥沙水下休止角为34.2°。考虑到流速影响，选择动水条件下泥沙水下休止角为30°，计算得出坝前20m处最大允许淤积高度为897.75m。因此，排沙时机可选择在坝前20m断面泥沙淤积深度达到898m。

综上所述，排沙时机宜选择在当坝前20m处的泥沙淤积高程达到898m以上时进行，并尽量结合比较大的来水来沙过程［来沙系数大于0.015(kg·s)/m⁶］。

4 排沙方式

由于水电站库容较小，水位升降较快，因此可以考虑通过降低水位来增加水流冲刷能力，将大量泥沙带往下游。据此，分别设置三种降低水位运行方案，其坝前水位分别为901.25m、900.25m以及水库敞泄状态。以入库来沙701万t、入库流量250m³/s、来沙系数0.015(kg·s)/m⁶作为计算边界条件，不同调度方案发电引水含沙量见表3。

表3 不同调度方案发电引水含沙量

平均引水含沙量/(kg/m³)			
原方案	降水位到900.25m	降水位到901.25m	敞泄
2.233	1.731	1.743	1.704

从表3可以看出，水位降幅越大，引水含沙量减少越多，平均引水含沙量最多可以减少0.529kg/m³。通过短时间的降水排沙，可以大幅减少引水含沙量。

综上所述，在水沙条件合适的情况下，采用敞泄的方式进行排沙是最为合理的。

5 排沙运行方式

5.1 "门前清"运行方式

为防止泥沙淤积影响泄洪闸门正常开启，水库运行过程中，每天至少测量1次闸门前淤积泥沙深度，根据上游来水量及闸门前泥沙淤积深度调整泄洪闸或冲沙闸开度，并使库水位保持在正常蓄水位。

（1）闸前泥沙淤积深度按照不大于4m进行控制，防止泥沙将闸门堵住。

（2）当闸前泥沙淤积深度不大于2m时，保持冲沙闸开启状态，泄水闸定期（一周）启动1次。

（3）当闸前泥沙淤积深度达到2~4m时，根据每孔闸门前泥沙淤积深度，按照从高到低的顺序开启泄水闸排沙。

（4）当闸前泥沙淤积深度大于4m时，及时开启对应的泄水闸排沙。若排沙效果不理想时，停机泄洪排沙。

5.2 敞泄排沙运行方式

汛期水库运行过程中，每周进行1次坝前20m断面水下地形测量，以该断面泥沙淤积高程达到898m作为水库敞泄排沙的临界指标，每次敞泄排沙时间为6~8h。

（1）先开启冲沙闸（开度5m），后开启3#泄水闸（开度1.5m），再开启1#泄水闸（开度1.5m），最后开启2#泄水闸（开度1.5m）。

（2）当入库流量较大时，可通过逐孔增加泄水闸开度进行泄水，增开顺序为3#泄水闸、2#泄水闸、1#泄水闸，开启级差小于1.0m。

（3）由于2#泄水闸位于主河道，水库敞泄后，需根据来水量情况，调整2#泄水闸开度，使其尽量少泄流或不泄流。

（4）当库区泥沙先通过3#泄水闸和1#泄水闸基本排除，再开启2#泄水闸，将2#泄水闸前剩余泥沙排除，水库开始蓄水。

（5）水库蓄水闸门关闭顺序与闸门开启顺序相反。

（6）水库泄水时，库水位在895m以上时，水位降落速度不超过5m/h，当库水位低于895m时，可进行敞泄。

（7）水库蓄水时，库水位在895m以上时，水位上升速度不超过10m/h。

5.3 引水渠淤积泥沙反冲处理

引水渠淤积泥沙反冲处理结合水库敞泄过程进行。

首先关闭暗涵进水闸，随后开启引水渠工作闸（开度1m）；当引水渠基本放空后，开启暗涵进水闸（开度20~50cm），利用引水隧洞前端混凝土衬砌段的水量（约500m³）对引水渠淤积泥沙进行反冲处理。

水库开始蓄水后，关闭引水渠工作闸和暗涵进水闸。当坝前水位接近引水渠进口底板高程896m时，调整泄水闸门开度维持坝前水位896.30m左右，将引水渠工作闸门前泥沙通过排沙漏斗排除。反冲过程见图3。

水库蓄水过程中，开启暗涵进水闸10cm，待隧洞充水完成后，暗涵进水闸全开。

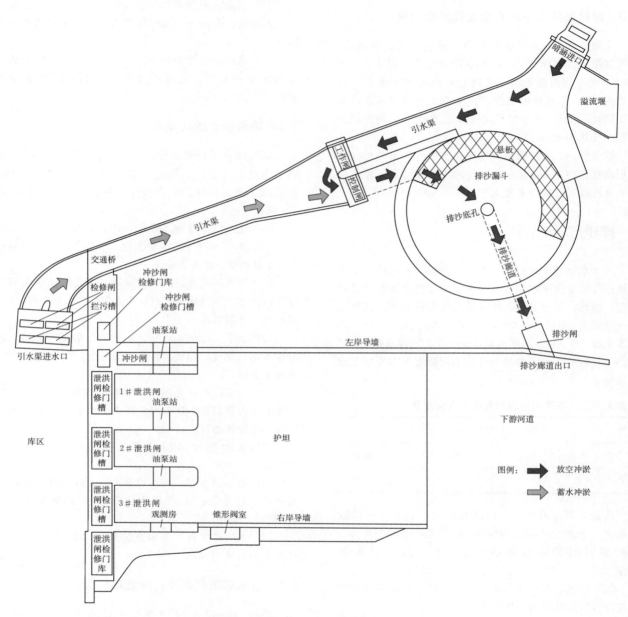

图 3　引水渠反冲过程示意图

6　效果评价

6.1　库容变化

按照上述运行方式，2018 年汛期电站共进行了五次敞泄排沙。通过敞泄排沙前后库区地形对比，敞泄排沙后水库库容得到了显著增加，尤其近坝库区库容，每次增加达 5 万 m³ 以上。有效解决了库区泥沙淤积问题，使近坝库区作为泥沙一级处理的作用更加显著，为水电站的安全度汛提供了有力保障。

6.2　引水渠淤积泥沙处理

2018 年汛期，结合水库敞泄过程进行引水渠淤积泥沙反冲处理，通过敞泄排沙前后引水渠水下地形对比，共排除引水渠淤积泥沙 2400m³，约占引水渠淤积泥沙总量的 75%，有效解决了引水渠泥沙淤积问题。

6.3　引水含沙量

根据实测水文泥沙资料，2018 年汛期引水含沙量相对入库含沙量的减小率约为 33%，较 2017 年提高 5%。按照 2017 年汛期入库泥沙总量 300 万 t 计算，每年可减少引水泥沙12万t，有效减少了过机泥沙总量，对于减缓机组过流部件泥沙磨损，延长水轮机过流部件使用寿命发挥了重要作用。

7 结语

本文通过对尼泊尔上马相迪A水电站实测水文泥沙资料、断面平均流速及泥沙水下休止角的分析，确定了合理的排沙时机和排沙运行方式，很好地解决了库区和引水渠泥沙淤积问题，有效减少了引水含沙量和过机泥沙总量。与通过泥沙数学模型计算研究来确定排沙时机相比，上述分析方法更加简易，尤其适用于库沙比较小的径流式水电站。研究成果丰富了水电站泥沙问题处理方法及理论应用，为高含沙河流水电站泥沙淤积和引水排沙提供了新的范例，望对类似工程具有一定的参考价值。

浅析水介质换能爆破技术工程应用的战略优势

秦健飞　秦如霞/中国水利水电第八工程局有限公司

【摘　要】　自水介质换能爆破技术 2016 年问世至今，短短的两年多时间里，其节省施工成本、减小各种爆破危害、突显节能环保等优越性已经在各种工程爆破领域得到有力验证，同时也获得国家知识产权局授权一项发明专利和两项实用新型专利。现将推广应用成果馈给读者的同时，借以推动水介质换能爆破技术在水利水电施工和工程爆破领域迅速拓展，以提高我国工程爆破技术水平、进一步推动我国基本建设和"一带一路"的互建在沿线国家和地区不断取得最大效益。

【关键词】　水介质换能爆破系统　绝热系统　循瞬时爆轰论　节能环保　绿色爆破

1　前言

爆破工程实践中发现，有水炮孔爆破时都普遍存在爆破危害作用小的现象。长期潜心研究证实，在"水介质换能爆破系统"中，水介质的存在可以有效提高炸药的能量利用率并能大幅度降低炸药爆炸的各种危害作用。根据这一现象研发成功的"水介质换能爆破技术"在工程爆破实践中取得了令人满意的效果。

"水介质换能爆破技术" 2017 年 10 月已获国家知识产权局授权发明专利一项（ZL201610121194.X），2016 年 7 月和 2018 年 2 月分别获得实用新型专利各一项，即（ZL201620163285.5）和（ZL201720811883.3）。

目前"水介质换能爆破技术"已在国内外的水利水电、交通、市政建设、矿山开采等众多领域推广应用并取得了非常令人满意的效果，该爆破技术的确不失为当今节能环保的绿色爆破最新技术。

爆破开挖在水电水利工程建设中，特别是在当地材料坝中的投资比重占有举足轻重的地位。做好"水介质换能爆破技术"的战略布局将给我国国民经济发展和共建"一带一路"的互联互通项目带来不可估量的促进作用，具有工程应用的战略优势。

2　崭新的破岩机理

2.1　水介质换能爆破系统

为从热力学、化学角度来研究"水介质换能爆破技术"的破岩机理，我们引入"水介质换能爆破系统"这个新概念。

所谓"水介质换能爆破系统"是指爆破作业中需要对岩石、混凝土等介质进行破碎时，在被爆介质中采用机械设备形成装药腔后，埋设炸药和与炸药隔离封闭的水介质以及起爆系统并堵塞封闭的整个爆破系统。热力学计算表明，由于该系统内的炸药爆炸是在瞬时完成，炸药爆炸热能来不及传导给被爆介质，爆炸过程已完成。因此可以将"水介质换能爆破系统"视为绝热系统。

2.2　水介质换能爆破的破岩机理

2.2.1　爆破的微观过程

众多学者采用高速摄影技术或电测实验对爆破过程进行了卓有成效的实验研究。研究成果表明，炸药爆炸过程是一个极为复杂的将被爆介质进行物理破碎的过程，同时炸药爆炸又是一种瞬时发生的化学反应，这一化学反应生成新的物质并在极短时间内释放大量的热能。

2.2.2 水介质换能爆破的热力学、化学破岩机理

早在1792年法国科学家拉瓦锡就完成了"水蒸气通过烧红的铁管可以获得氢气"的试验，江苏省淮安市洪泽外国语中学2016届九年级化学上学期第三次调研测试进行了类似拉瓦锡的试验，获得了氢气。

因此，从热力学角度分析可知，由于在"水介质换能爆破系统"中加入了"一定量"的水，水是最容易吸收或释放热能的物质，按照热力学定律和物质不灭定律，炸药爆炸所释放的热能在绝热的"水介质换能爆破系统"中将转换为水的内能，积蓄了炸药爆炸能的水和炸药共生的爆生气态物质在炸药爆炸的高温高压超临界状态下将进一步发生化学反应生成氢气、氧气、二氧化碳、二氧化氮等新物质。

研究及实践表明，采用水介质换能爆破技术进行爆破作业时，高温高压爆生气态物质将遵循瞬时爆轰论的"爆轰产物的飞散遵循等距离面组规律"，主要以急剧膨胀做功的方式挤压被爆介质使被爆介质破碎完成爆破作业。

3 水介质换能爆破的优异效能

3.1 降低炸药单耗，提高炸药能量利用率

两年多的水介质换能爆破工程实践表明，在相同爆破效果条件下，无一爆破实例不降低炸药单耗。水介质换能爆破炸药单耗降低意味着炸药爆炸能量利用率的有效提高，典型工程水介质换能爆破单耗降低率见表1。

表1 典型工程水介质换能爆破单耗降低率表

工程名称	普通爆破单耗 /(kg/m³)	水介质换能爆破单耗 /(kg/m³)	炸药单耗降低率 /%
广东梅州抽水蓄能水库排水隧道洞挖	2.85	2.10	26.32
江苏江阴民丰采石场明挖	0.44	0.31	29.55
广西崇左市城市复杂环境市政道路明挖	0.46	0.36	21.74
老挝南欧江三级水电站二期基坑明挖	0.47	0.36	23.40
湖南双峰海螺水泥矿山明挖	0.55	0.41	25.45
老挝南欧江七级水电站采石场红砂岩明挖	0.35	0.25	28.57
贵州清镇站街采石场明挖	0.50	0.38	24.0

3.2 大幅度减小爆破振动

2018年3月24—25日、2018年4月24日、2018年12月7日分别在老挝南欧江三级水电站、七级水电站、深圳12♯地铁赤湾停车场做相同药量情况下，装水袋与不装水袋爆破振速对比试验。试验采用成都泰测科技有限公司的Blast-UM型爆破测振仪进行爆破振速监测，测振仪软件可自动回归萨道夫斯基振速计算公式的 K、α 系数。爆破振速监测表明水介质换能爆破振速明显减小，监测成果见表2~表4。

表2 老挝南欧江三级相同药量距爆心距离相等水介质换能爆破振速降低率

系数 K	系数 α	单响药量 Q /kg	爆心距 R /m	爆破最大振速 v /(cm/s)	实测爆破振速比 GB 6722—2014 经验值降低率/%	同比降低率 /%	水袋设置情况
<u>58.62</u>	<u>1.60</u>	<u>5.6</u>	<u>20</u>	<u>1.22</u>	61.9	38.0	有水袋爆破
250	1.8	5.6	20	3.20			
<u>90.9</u>	<u>1.71</u>	<u>5.6</u>	<u>20</u>	<u>1.97</u>	38.5		无水袋爆破
250	1.8	5.6	20	3.20			

注 下划线数值为实测值，岩石为泥板岩。

表3 老挝南欧江七级相同药量距爆心距离相等水介质换能爆破振速降低率

系数 K	系数 α	单响药量 Q /kg	爆心距 R /m	爆破最大振速 v /(cm/s)	实测爆破振速比 GB 6722—2014 经验值降低率/%	同比降低率 /%	水袋设置情况
<u>90.9</u>	<u>1.71</u>	<u>12.5</u>	<u>40</u>	<u>0.70</u>	47.9	32.383	有水袋爆破
300	1.9	12.5	40	1.34			
<u>101</u>	<u>1.61</u>	<u>12.5</u>	<u>40</u>	<u>1.03</u>	23.0		无水袋爆破
300	1.9	12.5	40	1.34			

注 下划线数值为实测值，岩石为红砂岩。

表 4　深圳地铁 12♯线赤湾停车场普通爆破与水介质换能爆破振动效应比较表

系数 K	系数 α	炸药量 Q/kg	爆心距 R/m	矢量合成最大振速 v/(cm/s)	降低率/%
107.04	1.37	126	70	2.89022	34.883
305.09	1.93	126	70	1.88203	
107.04	1.37	126	80	2.40703	39.574
305.09	1.93	126	80	1.45446	
107.04	1.37	126	90	2.04834	43.431
305.09	1.93	126	90	1.15872	

注　下划线字体为水介质换能爆破实测值，岩石为花岗岩。

一般情况下爆破振速按照萨道夫斯基振速公式，即 $v = K\left(\dfrac{Q^{\frac{1}{3}}}{R}\right)^{a}$ 计算，炸药量 Q 每减小 1%，爆破振速 v 降低 0.5%～0.6%。由于采用水介质换能爆破技术比普通爆破技术药量减小 20% 以上，由此可见：

（1）由于爆破药量减小 20% 以上，爆破质点振速将减小 10% 以上。

（2）水介质换能爆破自身的减振作用大于 32%。

因此，在相同爆破效果时，采用水介质换能爆破技术与采用普通爆破技术相比，总体爆破振动的质点振速将降低 42% 以上，这已经为众多工程实践所证实。

3.3　爆破飞石可控

2018 年 3 月 20 日老挝南欧江三级水电站基坑保护层开挖中在抵抗线方向的不同距离范围我们布置了 4 块 5m² 彩条布监测爆破飞石距离情况，彩条布布置见图 1。

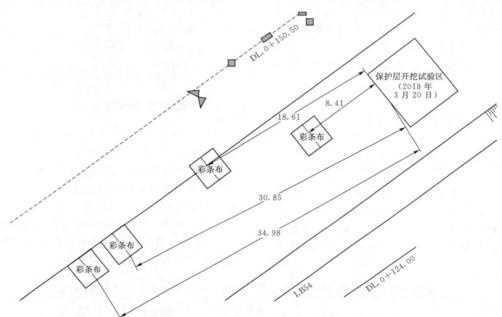

图 1　监测水介质换能爆破飞石情况布置图

监测结果表明，第一块彩条布被炮渣掩盖。第二块彩条布收集到 4 粒最大粒径 40mm×1.8mm×4mm 的片状小飞石，见图 2。第三、四块彩条布未收集到任何小飞石。

广西崇左市政道路爆破开挖、老挝南欧江七级水电站采石场爆破开挖、深圳地铁 12♯线赤湾停车场等开挖均安排了类似监测项目。监测数据无不表明，水介质换能爆破的爆破飞石都可以控制在 20～30m 范围内，这也是普通爆破不可能达到的技术指标。

3.4　爆破烟尘大量减小

由水介质换能爆破的破岩机理可知，水介质参与炸药爆炸的化学反应，发生"水的化学键因吸收炸药爆炸能键能升高而断裂生成氢和氧，而后因高温高压气态物质急剧膨胀挤压、破碎被爆介质做功后键能降低，氢和氧的化学键重新合成雾态水"的过程。

因此，被爆介质的炮孔腔壁从开始破裂至周围被爆介质逐步产生破碎、鼓包、塌落的运动状态阶段均有大量雾态水的存在。大量的水雾随其破碎过程就能够极大

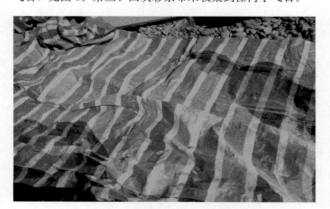

图 2　第二块约 5m² 彩条布布置在离爆块 18.61m 处

减小爆破烟尘的产生。根据地质条件以及岩石的结构构造的不同，烟尘降低量为 50%～95%。地下洞室开挖爆破，由于爆破烟尘量的降低可以缩短通风排烟时间一半左右，并且进洞施工人员不再有以前普通爆破炮烟刺鼻、刺眼的不良感觉，净化了施工环境。图 3～图 7 展示了老挝南欧江七级水电站采石场、深圳地铁 12♯线赤湾停车场采用不同爆破技术的烟尘对比。

图 3　老挝南欧江七级水电站采石场 2018 年 4 月
20 日水介质换能爆破烟尘

图 4　老挝南欧江七级水电站采石场 2018 年 4 月 26 日
普通爆破烟尘

图 5　深圳地铁 12♯线赤湾停车场 2018 年 12 月
7 日水介质换能爆破烟尘

图 6　深圳地铁 12♯线赤湾停车场 2018 年 12 月
8 日普通爆破烟尘

(a)

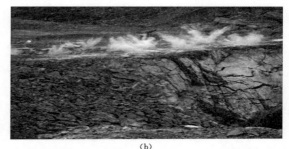

(b)

(c)

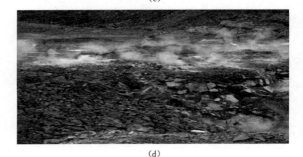

(d)

图 7　深圳地铁 12♯线赤湾停车场水介质换能爆破
（武汉大学采用高速摄影观测效果）

3.5 爆破噪声大幅度减小

水介质换能爆破的噪声值是目前所有工程爆破之中最为环保的，它的噪声值相对较低。经国内外多个工地监测表明脉冲噪声声压峰值都在 70～102dB 范围内，见表5。水介质换能爆破全过程所产生的爆破噪声声压连续值和声压峰值均小于国家标准的规定值。换句话说，在工人工作场所国家标准为 125 ［《爆破安全规程》（GB 6722—2014）］～140dB ［《建筑施工场界环境噪声排放标准》（GB 12523—2011）］，而水介质换能爆破的爆破噪声声压峰值才为 70～102dB 范围内，显然完全能够满足国家有关爆破噪声排放要求。

表5 福建省龙岩天玉方园矿业公司马坑矿山水介质换能爆破噪声监测值

序号	分贝计距爆心距离/m	底噪/dB	瞬时最大值/dB
1	55.0	64	102
2	153.3	67	91.2
3	384.5	70	未检出（未超过底噪）

注　表中数据为单响药量 292.8kg 时水介质为 91.2kg 的爆破噪声监测值。

3.6 施工工艺便捷易行

水介质换能爆破与普通爆破相比，无论是钻孔、装药，还是封堵、爆破连网等施工工艺均没有任何差异，便捷易行，工人易于接受。

水介质采用国家专利产品"爆破用注水自动封闭水袋装置"灌装而成，即在施工现场注水后即可形成水袋并可十分便捷地像炸药卷一样安装在炮孔中，形象地说就是采用水袋替代了部分炸药，因此不影响炮孔装药时间，深受现场操作人员欢迎，见图8。

(a)　　　　　　　　(b)

图8　水袋安装与炸药安装无异

3.7 爆破成本降低综合效益提高

综上所述水介质换能爆破技术不仅减小了各种爆破危害，而且降低了炸药单耗，更重要的是由于在水介质换能爆破生成的高温高压气态物质充盈整个炮孔并产生急剧膨胀均匀挤压被爆介质。因此，爆渣块度较为均匀（表6、图9），大块率降低，细颗粒减少，大幅度降低了二次破碎量，便于挖、装、运作业，有效提高了施工作业效率，综合经济效益得到较好的提升，施工成本可以节省 20%～25%，既环保节能又能高效施工，何乐而不为？

表6　老挝南欧江三级水电站采石场不同爆破工艺的爆渣筛分成果表

序号	试验编号	颗粒直径/mm																	
		通过下列筛孔的质量百分率/%																	
		800	600	500	400	300	200	100	80	60	40	20	10	5	2	1	0.5	0.25	0.08
1	水介质爆破		100.0	91.3	80.6	67.5	56.8	42.3	38.1	33.2	28.3	22.6	17.4	13.7	9.4	6.2	4.5	3.8	3.6
2	普通爆破	97.3	83.5	73.9	64.0	54.5	46.5	34.2	30.8	26.8	21.7	16.0	13.4	11.5	10.1	9.1	8.1	7.0	5.0

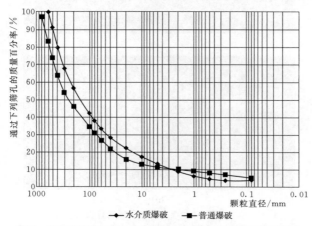

图9　老挝南欧江三级水电站采石场不同爆破工艺的粒度曲线

4 结语

我们从事物的表观现象出发，透过现象发现本质，通过长期科学研究建立"水介质换能爆破系统"，从爆炸热力学、化学角度来研发"水介质换能爆破"的思路是正确的，否则"水介质换能爆破"不会取得如此令人满意的效果。值得一提的是水介质换能爆破技术在城市复杂环境下的控制爆破更彰显其魅力，通过水介质换能控制爆破能够完全满足保护目标对爆破振动、爆破飞石、爆破烟尘、爆破噪声、爆破冲击波等各种各样防护的更高要求，这也是普通控制爆破技术难以企及的。

实践是检验真理的唯一标准。短短两年来在各种爆破领域、各种不同地质条件、各种不同爆破环境下的爆破实践都有力地证明了"水介质换能爆破"无可攀比的爆破效果,充分认证了从爆炸热力学、化学视角对其破岩机理的圆满诠释。为了进一步验证其破岩机理的正确性,目前我们正在与国防科技大学、湖南安全技术职业学院、安徽理工大学共同进行爆破机理的爆炸罐以及水在超临界状态下的分解试验验证研究,相信试验验证研究结束后将会同样证明"水介质换能爆破"的破岩机理的正确性。

坚信以"水介质换能爆破技术"取代普通爆破技术,将给我国国民经济建设和"一带一路"互联互通项目的共享、共建带来不可估量的促进作用,将为世界和平绿色发展增添新的正能量,具有爆破工程应用的战略优势。

致谢:中国电建海外投资公司南欧江发电公司、中国水电八局深圳地铁 12 号线赤湾停车场项目经理部、武汉大学、国防科技大学、湖南安全技术职业学院、安徽理工大学、湖南双峰海螺水泥有限公司、福建省龙岩天玉方圆矿业公司在"水介质换能爆破技术"的研发测试过程给予的大力支持和帮助。

参考文献

[1] 秦健飞,秦如霞. 水介质换能爆破技术 [J]. 采矿技术,2016,16 (6):103-105.

[2] 秦健飞,秦如霞. 水介质换能爆破技术综述 [J]. 水利水电施工,2017 (3):93-96.

[3] 秦健飞,秦如霞. 水介质换能爆破技术的工程应用 [J]. 水电与新能源,2018 (7):1-4.

[4] 王文龙. 钻眼爆破 [M]. 北京:煤炭工业出版社,1984:193-209.

[5] 张奇,杨永琦,等. 岩石爆破破碎时间及微差起爆延时优化 [J]. 爆炸与冲击,1998,18 (3):268-271.

[6] 周天泽. 流光溢彩的分子世界 [M]. 石家庄:河北科学技术出版社,2013:23-26.

[7] 秦健飞. 双聚能预裂与光面爆破综合技术 [M]. 北京:中国水利水电出版社,2014:42-70.

尼泊尔上马相迪 A 水电站引水渠淤积泥沙处理方式探索与研究

侯　忠　董江波/中国电建集团海外投资有限公司

【摘　要】 尼泊尔上马相迪 A 水电站泥沙问题比较突出,汛期多年平均含沙量为 2.49kg/m³。受输水建筑物结构型式的影响,汛期大量泥沙在引水渠工作闸门后发生沉淀与堆积,在沉沙漏斗停运前若不能对该段淤积泥沙进行及时、合理的处置,不仅影响电站发电效益,而且会因发电水流泥沙含量过高而损坏机组过流部件。本文通过对该段淤积泥沙处理方式进行探索与研究,为今后引水渠淤积泥沙的处理找到切实可行的解决办法。

【关键词】 上马相迪 A 水电站　引水渠淤积泥沙　处理方式

1　概述

尼泊尔上马相迪 A 水电站泥沙问题比较突出,设计资料显示,坝址多年平均悬移质年输沙量为 701 万 t,汛期多年平均含沙量为 2.49kg/m³。

在水电站运行过程中,由于汛期库水泥沙含量较高,引水渠含沙水流在经过沉沙漏斗过滤后,仍存在部分小颗粒悬移质泥沙通过悬板到达后面的引水明渠内。由于引水渠工作闸门至沉沙漏斗悬板段水流状态平稳,导致小颗粒悬移质泥沙逐渐在该段发生沉淀与堆积。2017 年主汛期(7—9 月)后,10 月中旬,通过对该段引水渠进行断面地形测量与分析,发现该段引水渠泥沙淤积体积高达 681.86m³,淤积厚度从沉沙漏斗向引水渠工作闸门逐渐减小。具体淤积情况见图 1。

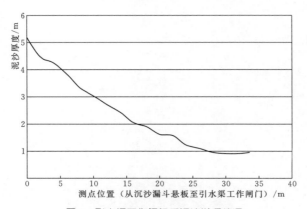

图 1　引水渠工作闸门后泥沙淤积情况

2　方案比选

该段引水渠淤积泥沙处理可采用人工清理、机械清理、吸沙泵排沙、高压水枪配合人工冲沙以及控制闸门开度冲沙等处理方式。

(1)方案 1:人工清理。该段引水渠泥沙淤积体积较大,采用人工清理既费时又费力,而且为了保证安全,整个清理过程需要机组停机,放空引水渠与沉沙池。

(2)方案 2:机械清理。采用挖掘机械进行施工,容易造成引水渠结构的破坏,另外整个清理过程都需要机组停机,放空引水渠与沉沙池。

(3)方案 3:吸沙泵排沙。吸沙泵排沙最主要的问题是泥沙的排放。经分析,泥沙排放只能通过沉沙池排放和过机处理两种方式解决。

1)通过沉沙池排放。由于泥沙粒径较小,通过沉沙池排放就必须机组停机,否则泥沙无法得到有效过滤。

2)过机处理。吸沙泵的运行需人工全程配合,由于泥沙粒径较小且经过沉淀相对密实,若操作不当易造成堵泵,而且所排放泥沙含量非常不稳定。

(4)方案 4:高压水枪配合人工冲沙。该种处理方式意味着将该段引水渠淤积泥沙通过过机方式进行处理,首先需要人工方式来完成,其次由于引水渠工作闸门至沉沙漏斗悬板距离超过 30m,即便是将泥沙翻动,也很难通过扩散作用进入沉沙漏斗悬板以后,尤其是靠近引水渠工作闸门部分,处理难度非常大。

（5）方案 5：控制闸门开度冲沙。该处理方式主要有两种：

1）关闭暗涵进水闸。通过开启引水渠工作闸门将泥沙冲入沉沙池，该处理方式的不足在于该段引水渠正对暗涵进水口，而暗涵进水口周围底板高程在引水渠底板高程以下 2.8m，过渡段长度达 20m，因此在泥沙冲入沉沙池前很大一部分会在暗涵进水口淤积，再次引水发电时过机泥沙含量将非常大。

2）沉沙池正常运行并逐步开启引水渠工作闸门。该处理方式简单易操作，难点在于控制引水渠工作闸门开度，保证瞬时过机泥沙含量小于设计过机含沙量。经分析，可以通过暗涵进水口和尾水出口同步取样的方式实现过机含沙量的实时监测，进而指导引水渠工作闸门开度，弥补上述不足。

综上所述，通过对上述方案认真比选，认为采取控制闸门开度冲沙及泥沙过机的处理方式是最为合理的。首先，此段引水渠淤积泥沙已经过沉沙池的沉淀，粒径 0.45mm 以上的泥沙（推移质）已经过了沉沙池的过滤，泥沙性质已满足设计要求，粒径 0.25mm 以下粒径泥沙的比例达到 90%，满足设计过机泥沙粒径要求，只需满足瞬时过机泥沙含量小于设计过机含沙量（1.494kg/m³）后，即可通过过机的方式，对该段引水渠淤积泥沙进行处理。其次尼泊尔目前国内电力仍然非常紧张，水电站全停难度非常大。

3 处理方案

拟采取泥沙过机的方式，对该段引水渠淤积泥沙进行处理。以过机含沙量不超过 1.4kg/m³ 为原则，通过对过机泥沙实时监测、控制闸门开度等手段来完成对该段所淤积泥沙的处理。同时，在整个泥沙处理过程中，机组技术供水方式采用高位水池供水。

（1）过机泥沙实时监测。首先，对该段淤积泥沙进行取样并烘干，然后，通过筛分分析泥沙颗粒级配，确定泥沙粒径组成能够满足泥沙过机要求。同时，对样品进行干密度测量，通过泥沙干密度、水的密度以及称重容器装满水样后的重量换算建立数学计算模型，通过水样称重计算水体含沙量，从而实现过机泥沙的实时监测。

水样取样地点分别选择在暗涵进水口和尾水出口，通过办公网络进行含沙量数据的实时共享，为闸门开度的控制提供依据。

（2）处理期间水库运行方式。首先，调整水库运行水位，实现溢流堰溢流。然后，在沉沙池正常运行情况下，将引水渠工作闸门开启至 5cm，通过抛洒碎纸片观察引水渠工作闸门后水体，如无流动，将引水渠工作闸门开度增加 5cm（即 10cm），依次类推直至该处水体出现流动迹象。然后，实时监测暗涵进水口和尾水出口含

沙量，监测时间 30min。保持现有运行方式，慢慢将淤积泥沙携带走。第一天间隔 3h 对该段引水渠泥沙淤积情况进行测量与调查，如果两次时间间隔内淤积泥沙未有减少，将引水渠工作闸门开度增加 5cm，依次类推，直至该段淤积泥沙再次减少。

状态未改变前，引水渠泥沙淤积厚度每天上午和下午各测量一次。

（3）补充说明。

1）在整个处理中过程中，机组技术供水方式采用高位水池供水，其目的如下：

a. 通过高位水池沉淀保证机组技术供水的清洁度。

b. 部分泥沙在进入机组前可通过高位水池排除，从而减少过机泥沙总量。

2）采用溢流堰溢流，其目的是：在进入引水隧洞前将部分泥沙通过溢流堰溢流的方式排除，从而减少过机泥沙总量。

3）过机泥沙含量实时监测计算方法及过程（数学计算模型）：

设：水密度 ρ_1，泥沙干密度 ρ_2；称重容器容积 V，重量 a，装满水样后重量 m；装满水样后容器中水的重量 X，沙的重量 Y。则

$$X/\rho_1 + Y/\rho_2 = V$$
$$X + Y + a = m$$

其中：ρ_1、ρ_2、V、a、m 为已知，通过二元一次方程式，即可计算出 X 与 Y 的数值。

然后，通过计算 Y/V 的值即可得出水体含沙量。

4 方案论证

根据水库运行数据分析，在库前水位达到 902.40m 后即可实现溢流堰溢流，对应的引水渠流量约为 50m³/s，考虑落差因素影响，此时引水渠工作闸门处对应的水位约为 902.35m（水深约 5.85m），引水渠工作闸门和沉沙池控制闸设计孔口宽度均为 8m。

引水渠为矩形规则断面，按照水深不变、闸门开度与过流流量成正比关系进行过流流量测算，计算结果见表 1。

表 1　引水渠工作闸门及沉沙池控制闸过流流量测算表

引水渠工作闸门开度/m	闸门宽度/m	引水渠工作闸门过流面积/m²	沉沙池控制闸过流面积/m²	总过流面积/m²	引水渠工作闸门流量/(m³/s)	沉沙池控制闸流量/(m³/s)
0.10	8.0	0.80	46.80	47.60	0.84	49.16
0.90	8.0	7.20	46.80	54.00	6.67	43.33
1.70	8.0	13.60	46.80	60.40	11.26	38.74

续表

引水渠工作闸门开度/m	闸门宽度/m	引水渠工作闸门过流面积/m²	沉沙池控制闸过流面积/m²	总过流面积/m²	引水渠工作闸门流量/(m³/s)	沉沙池控制闸流量/(m³/s)
2.50	8.0	20.00	46.80	66.80	14.97	35.03
3.30	8.0	26.40	46.80	73.20	18.03	31.97
4.10	8.0	32.80	46.80	79.60	20.60	29.40
4.90	8.0	39.20	46.80	86.00	22.79	27.21
5.70	8.0	45.60	46.80	92.40	24.68	25.32
5.85	8.0	46.80	46.80	93.60	25.00	25.00

注 由于数据较多,表中只按照引水渠工作闸门开度0.8m增幅进行计列。

由于小颗粒悬移质泥沙重量较轻,加之在水中受到水体浮力作用,因此在较小的流速下即可被水流携带。通过沉沙池过滤后的泥沙粒径基本为0.25mm以下,其中粒径在0.105mm以下的比例达到70%以上,通过查询相关资料,对应的侵蚀流速约在10cm/s(图2)。

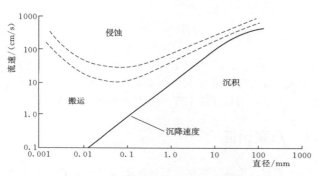

图2 泥沙运动状态与流速关系图

根据引水渠断面形状及底板高程,泥沙淤积最深处过流断面平均宽度为8.7m,深度约为1.8m;泥沙淤积最浅处过流断面平均宽度为8.7m,深度约为5.0m;引水渠后最大断面宽度为8.7m,深度约为7.0m。据此计算出最小过流断面面积为15.7m²,最大过流断面面积为43.5m²,最大引水渠断面面面积为60.9m²。

通过上述引水渠工作闸及沉沙池控制闸过流流量测算、侵蚀流速以及过流断面尺寸进行综合计算与分析,得出如下结论:

(1)在引水渠工作闸门开度0.2m时,泥沙淤积最浅处(过流断面最小处)将出现侵蚀流速。

(2)在引水渠工作闸门开度0.6m时,泥沙淤积最深处(过流断面最大处)将出现侵蚀流速。

(3)在引水渠工作闸门开度0.80m时,引水渠后最大断面最底部将出现侵蚀流速。

5 方案实施

按照处理方案完成淤积泥沙取样、烘干、筛分、干密度检测以及现场所需器材的准备工作。

筛分数据显示,引水渠工作闸门后淤积泥沙以小颗粒悬移质泥沙为主,其中0.25mm以下粒径泥沙含量为63.7%。具体级配见表2。

表2 引水渠工作闸门后淤积泥沙级配表

粒径/mm	<0.105	0.105～0.25	0.25～0.3	0.3～0.45	>0.45
泥沙级配/%	23.5	40.2	17.5	17.3	1.5

干密度检测结果显示,引水渠工作闸门后淤积泥沙干密度为1.83t/m³。

实施过程中,在库前水位达到902.40m时引水渠工作闸门处对应的水位约902.35m(水深约5.85m),通过泥沙监测数据来实时调整闸门开度。同时,为尽量降低过机泥沙含量,减少过流部件的磨损,整个实施过程历时7.5天。处理过程泥沙淤积厚度变化情见图3。

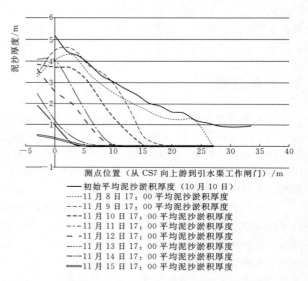

图3 引水渠工作闸门后泥沙淤积厚度变化情况

根据厂房尾水含沙量监测数据,全过程过机泥沙含量均在0.6kg/m³以内,其中绝大部分时间泥沙含量在0.2kg/m³以内,远低于过机含沙量设计允许值1.494kg/m³。

6 经验总结

通过泥沙级配及含沙量实时监测数据,可以判断此次引水渠淤积泥沙处理对机组过流部件的损伤是非常小的。

通过此次引水渠淤积泥沙过机处理，为今后引水渠淤积泥沙的处理找到了切实可行的解决办法。同时，也为今后引水渠淤积泥沙处理工作积累了如下宝贵经验：

（1）处理时间可适当提前，在汛后入库水流含沙量小于 0.05kg/m³ 后即可进行。

（2）引水渠工作闸门初始开度以 10cm 为宜，并根据含沙量实时监测数据进行以下操作：

1）在闸门开度达到 30cm 以前，可按照每次增加 5cm 进行。

2）在开度达到 30cm 以后，可按照每次增加 10cm 开度进行。

3）在闸门开度达到 70cm 后，可通过 1～2 次间隔操作将闸门全开。

（3）在时间允许的情况下，宜尽量增加过程持续时间，降低过机含沙量，减少含沙水流对机组过流部件的损害。

7 结语

通过控制闸门开度实现对引水渠工作闸门后淤积泥沙的过机处理。实施过程中，通过过机泥沙实时监测、过流流量与侵蚀流速分析、泥沙淤积厚度测量等方法为闸门开度的控制提供依据，满足瞬时过机泥沙含量小于设计允许过机含沙量的要求，为引水渠淤积泥沙的处理找到了切实可行的解决办法。希望本文对类似工程具有一定的参考价值。

浅谈机制骨料绿色制备技术

刘志和　王绍明　陈敬收/中国水利水电第八工程局有限公司

【摘　要】 砂石骨料是工程建设用量最大、不可或缺的重要原材料。我国对砂石骨料的需求居高不下。随着国内天然砂石资源日渐短缺和国内河道限采限挖的日趋严格，工程建设广泛应用机制骨料代替天然骨料已是我国砂石骨料生产的主要方向和发展趋势。本文通过对机制骨料在水电、建筑工程领域的应用以及技术特点的分析，对机制骨料绿色制备关键技术作了详细介绍。另外针对川藏铁路工程建设所需砂石骨料的生产供应提出了相关建议。

【关键词】 机制骨料　绿色　制备　技术

1　背景和发展趋势

砂石骨料是工程建设用量最大、不可或缺的基础材料。我国对砂石骨料的需求量居高不下，据统计每年砂石骨料需求量已达到 200 多亿 t。一方面，随着国内天然砂石资源日渐短缺，国内河道限采限挖和环境保护日趋严格；另一方面，机制骨料具有资源丰富和质量可控等优势，砂石骨料已由天然采集向开采制造转变，广泛应用机制骨料已成为发展趋势。

机制骨料在我国工程建设领域的应用虽已有 100 多年的历史，但由于各种原因的影响除个别行业如水电外，我国机制骨料的生产水平普遍较低，大多砂石生产企业为传统粗放的作坊式加工模式，生产规模"散、小"，加工现场"脏、乱、差"。加快规模化、绿色化、工业化和智能化建设，生产高品质的机制骨料是目前我国砂石骨料技术研究的主要方向。

2　水电工程机制骨料的应用和技术特点

2.1　水电工程机制骨料的应用

水电工程是影响国计民生的重大基础建设工程，"千年大计，质量第一"是水电工程建设的目标。为保证工程质量，水电工程建设行业对砂石骨料生产的料源选择、系统设计、生产运行、质量指标、试验与检验等环节都提出了相关要求，编制了一整套的规程规范和施工工法。相比其他行业水电工程砂石骨料的质量要求更高。

我国水电工程大多分布在偏远的高山峡谷区，一般工程量巨大，建设周期长，建筑物布置比较集中，高峰期砂石骨料用量大。在水电工程规划之初就考虑砂石骨料的料源选择、制备运输等事宜，并被视作重要的辅助工程。为节约投资，砂石骨料主要采用当地材料就地就近建设砂石生产系统进行加工，其生产已纳入水电主体工程生产组织系统，通常规模较大，现代化程度比较高，料源岩石品种及生产工艺多样化。机制骨料在水电工程中的发展应用经历了摸索、成熟、创新、超越四个阶段。

20 世纪 50—60 年代为摸索阶段，贵州猫跳河、四川映秀湾水电站开始部分使用机制骨料，自此拉开了机制骨料生产应用的序幕。

20 世纪 70—80 年代为成熟阶段，贵州乌江渡电站开创了水电工程全面应用机制骨料先河，随后云南漫湾水电站、湖南五强溪水电站等水电工程开始大规模生产使用机制骨料。机制骨料生产技术得到不断发展和完善。其中湖南五强溪水电站采用高强、超硬、强磨蚀的石英岩生产机制骨料的成功应用，表明我国水电工程机制骨料生产技术已能适应各种岩石的要求。

20 世纪 90 年代至 21 世纪初为创新阶段，四川二滩水电站、云南大朝山水电站、长江三峡工程等一批大型、特大型工程的开工建设，对砂石骨料的生产提出了更高的要求，通过对国际先进机制骨料制备技术吸收与借鉴，国际先进加工设备的引进，大力开展科技创新等措施，有力地促进了机制骨料制备技术的发展。这阶段的主要创新成果有：四川二滩水电站在狭窄陡峭的山坡上布置大规模的机制骨料生产系统、使用真空脱水技术控制细骨料含水率；云南大朝山水电站全面使用工程开挖弃渣料生产机制骨料；三峡工程首次使用立轴式冲击式破碎机和棒磨机联合制砂工艺，满足了三峡工程对机制骨料高品质、大用量要求。

21世纪初以来我国水电工程建设蓬勃发展，广西龙滩、云南小湾、向家坝、溪洛渡、白鹤滩、乌东德等特大型电站陆续开工建设，这些工程均采用机制骨料，使得我国水电工程机制骨料的生产技术成功实现超越。这阶段的主要创新成果有：小湾水电站采用地下竖井作为成品骨料储料仓和竖井运输料场开采原料；向家坝水电站采用长达约31km的长距离带式输送机运输半成品骨料，以及采用先进的废水处理技术解决环保问题等。

2.2　技术特点

2.2.1　加工料源品种多

为了节约工程投资，水电工程砂石骨料料源主要采用当地材料，由于各个水电工程所处的地质条件各不相同，导致其料源岩石品种多种多样。从贵州乌江渡水电站的石灰岩，到云南漫湾水电站的流纹岩、湖南五强溪水电站的石英岩、四川二滩水电站的正长岩、云南大朝山电站的玄武岩、湖北三峡工程的花岗岩、云南小湾电站的花岗片麻岩、四川锦屏二级电站的大理岩，料源品种多种多样，岩石性质各不相同，强度从中等硬度到极坚硬。其中五强溪水电站机制骨料生产系统首次采用高强、超硬、强磨蚀性的石英岩作为加工料源，成功解决了强磨蚀性石英岩制备机制骨料的关键技术问题；锦屏二级电站采用大理岩生产混凝土骨料，成功地解决了骨料石粉含量高的难题。

2.2.2　机制骨料级配多、粒径大

水工混凝土多为大体积混凝土，使用粒径较大的粗骨料，可有效地减少水泥用量，降低水化热，节约成本，减少温度裂缝，提高工程质量。在水电工程中，砂石骨料分为粗骨料和细骨料两种，粗骨料粒径为5～150mm，细骨料粒径小于5mm。为便于混凝土拌制过程中调整骨料级配，减少在存储、转运等过程中发生分离，一般把粗骨料分为四个粒径级别，即小石（5～20mm）、中石（20～40mm）、大石（40～80mm）、特大石（80～150mm）。

2.2.3　工艺流程复杂

水电工程机制骨料因粒径大、级配多，为了满足级配平衡要求，其加工工艺流程通常较复杂，一般需要设粗、中、细三段破碎和制砂工艺。

为了适应水电工程高强度施工需要，保证系统生产安全可靠，机制骨料系统各车间主要设备的设计负荷率一般都不超过80%，大型、特大型系统的主要设备还考虑整机备用。主要破碎车间、筛分车间和制砂车间通常设置相应的调节料仓，使其成为相对较为独立的生产工艺环节，避免某点发生故障时就必须全线停止生产的弊端。

2.2.4　主要技术控制指标

2.2.4.1　粗骨料

粗骨料应质地坚硬、表面洁净、粒形饱满方圆、级配良好，因为针状或片状的骨料会对混凝土结构不利，级配通常由超径、逊径和中径筛余量三个指标来衡量。

2.2.4.2　细骨料

细骨料应质地坚硬、清洁、级配良好，主要控制指标为细度模数、石粉含量、含水率等。

细度模数是衡量砂粗细程度的指标，水电工程中通常采用中砂，控制指标为2.4～2.8。

在水电工程中，石粉系指砂中粒径小于0.16mm的颗粒，常态混凝土用砂石粉含量宜为6%～18%，碾压混凝土用砂石粉含量宜控制在12%～22%，其中粒径小于0.08mm的微粒含量不宜大于5%，重大工程用细骨料最佳石粉含量一般通过试验确定。

细骨料的含水率应保持稳定，机制砂饱和面干的含水率不宜超过6%。

3　民用建筑工程机制骨料的应用及技术特点

3.1　民用建筑工程机制骨料的应用

民用建筑工程大多分布在城镇附近，单个工程混凝土工程量较少，因此民用建筑工程的砂石骨料一般都采用通过市场采购商品砂石料的模式。砂石骨料系统大都位于城镇附近，一般一个砂石骨料系统可覆盖一个或几个区域，按照市场的要求组织生产，但其离居民距离较近，在生产过程中产生的粉尘、噪声需要严格控制。

民用建筑工程混凝土体积一般较小、钢筋数量多、钢筋间距小，因此需要的砂石骨料粒径较小。

3.2　技术特点

3.2.1　加工料源品种少

民用建筑工程砂石骨料加工料源品种相对少，主要以石灰岩、花岗岩和玄武岩为加工原料。如目前世界上最大的民用建筑工程机制骨料生产基地——安徽长九（神山）超大型项目加工料源为石灰岩。该项目位于池州市西南方向，总设计生产规模为7000万t/a，具有规模巨大、投资较高、运营期长、节能高效等特点，该项目着力打造"资源节约型、安全环保型、矿地和谐型"的世界一流特大型智能化绿色矿山。

3.2.2　砂石骨料级配少、粒径小

在建筑工程中，混凝土机制骨料分为粗骨料和细骨料两种，其中粗骨料粒径大于4.75mm，最大粒径一般不超过31.5mm，通常为二级、三级配，碎石可采用连续粒级，也可采用单级粒级；细骨料粒径小于4.75mm。

3.2.3 工艺流程短

建筑工程砂石骨料加工系统一般不设专门的制砂工艺，通常用生产过程中产生的副产品石屑通过整形加工成合格的砂。另外由于粗骨料粒径小、品种规格少，因此工艺流程短，相对比较简单，大多采用二段破碎工艺。

民用建筑工程砂石骨料加工系统各车间主要设备的设计负荷率通常较大，一般都大于85%，不考虑设备整机备用，通常也不设置调节料仓。

4　机制骨料绿色制备

4.1　指导思想

坚持以习近平新时代中国特色社会主义思想为指导，按照国家加快转变经济发展方式战略要求，围绕国家绿色矿山建设的基本原则和要求，以安全生产为主线，以保护生态环境、降低资源消耗为目标，以科技创新为保障，将矿山的人文环境、生态环境和经济环境与机制骨料加工活动有机地结合起来。通过机制骨料绿色化的建设实现资源、环境和社会效益的统一，保证机制骨料可持续发展。

目前绿色矿业发展已经成为国家战略，建设绿色矿山是新形势下矿产资源管理和矿业发展的重要方向。实现资源利用高效化，开采方式科学化，生产工艺环保化，企业管理规范化，矿山环境生态化，矿地建设和谐化是机制骨料绿色化建设的目标和方向。

4.2　基本原则

4.2.1　开发与保护并举的原则

坚持"谁开发谁保护，谁污染谁治理"的原则，坚持机制骨料生产开发与保护并举，保障机制骨料生产可持续发展。做好矿山道路硬化及地质灾害监测工作，确保矿区地质环境安全稳定。在生产过程中最大限度降低资源开发活动对周边地区的环境影响和破坏，大力推进矿区绿化及土地复垦工作，切实保护地质环境。

4.2.2　矿地规划、统筹协调的原则

依据国家绿色矿山建设标准及相关行业标准，制定切实可行的规划发展目标。做好绿色矿山建设规划与当地国民经济和社会发展规划、土地利用总体规划、矿产资源规划等规划衔接与配合，做好统筹协调工作。正确处理资源开发与环境的保护关系，不断加强矿山土地复垦和生态环境重建。

4.2.3　资源高效综合利用的原则

坚持发展循环经济的理念，走资源合理开发与高效利用之路。坚持绿色开采，科学优化采矿设计、采场布局，重抓节能减排，淘汰落后产能。加大对资源综合利用的研究，提高废石和废水的利用价值，做到物尽其

用。提高矿产资源综合利用率，实现资源高效利用。

4.2.4　科技创新的原则

坚持科技创新，把技术创新作为机制骨料绿色化建设的重要支撑，推进技术创新体系建设。加强生态环境、节能减排和综合利用领域的科技创新，不断提高机制骨料生产科技进步与创新水平。

4.3　关键技术

4.3.1　工程开挖料的回采利用

工程建设中通常有大量的开挖弃料，若其物理力学性能满足混凝土骨料质量要求，应尽可能地加以利用。这样可以节约资源，减少弃渣占地，同时还可节约工程投资。我国水电工程利用开挖弃渣生产机制骨料应用较多，国内部分水电工程利用开挖回采制备骨料情况见表1。

表1　国内部分水电工程利用开挖回采料
制备骨料情况表

水电站名称	混凝土总量/万 m³	回采利用量/万 m³	岩性
乌江渡	256	68	石灰岩
大朝山	113	120	玄武岩
三峡	2994	1202	花岗岩
溪洛渡	1260	1080	玄武岩
官地	470	70	玄武岩

4.3.2　料场开采

料场开采首先要解决的是爆破岩块粒径控制，既要控制大块率，又要控制岩粉含量。最大岩块粒径主要由破碎机进料口尺寸和配套挖装机械斗容决定。大块率是衡量爆破效果的主要指标，大块率过高不仅增加二次破碎成本，还严重影响破碎设备的安全运行，从而影响机制骨料加工系统生产效率。岩粉过高导致机制骨料生产成品率降低，资源利用率下降。降低大块率，减少岩粉含量的技术途径主要有选择合适的爆破参数和爆破方式。

料场开采其次要解决的是永久边坡的稳定和爆破振动影响问题。选择合理的开挖坡比和合理的支护方式可有效地保证开挖边坡稳定；采用预裂爆破、边坡植绿等可美化料场环境；通过深孔梯段孔间毫秒微差挤压爆破，可有效降低大规模爆破的振动强度；增加爆破分段数，减小最大单响药量是降低爆破振动最经济、最有效的办法。

目前料场开采正在向无废化、智慧矿山方向发展。

无废开采的目标就是最大限度地减少废料的产出、排放，提高资源综合利用率，可将开采过程中剥离的表层土集中堆放，开采结束后用于下步的土地复垦、栽树

种草；风化岩石破碎后用于路基回填等。

智慧矿山是以料场开采应用技术软件为工具，以高效、自动化的数据采集系统为手段，最终实现高度信息化、自动化、智能开采。未来我国料场开采将是下面这样的场景：计算机根据自动收集的地形地质情况、生产要求、开采加工设备状况、运输条件等资料自动制定爆破技术方案，凿岩设备自动穿孔，炸药车自动装药，智能机器人自动连接爆破网络并起爆，挖运设备自动装车运输，发现问题自动修正。

4.3.3 加工工艺与设备

机制骨料制备工艺设计应遵循"多碎少磨、以破代磨、破磨结合"的节能降耗绿色理念。

破碎是砂石骨料制备的核心，由于岩石矿物种类及含量、硬度、结晶颗粒大小、结晶致密度不同，其物理化学指标也不同，尤其是岩石的磨损性差异较大。岩石的可碎性主要取决于它的强度，岩石对破碎设备的磨蚀性则主要决定于它的石英含量。破碎设备的选型及破碎段数的选择需根据岩石上述指标并结合其他因素综合分析确定。对于难破碎、磨蚀性强的岩石如玄武岩、花岗岩、流纹岩等，通常选用三段破碎，粗碎选用颚式或旋回破碎机，中细碎选用破碎比相对较大的圆锥破碎机；对于中等可碎或易碎岩石如石灰岩、大理岩等，可采用两段破碎，粗碎选用破碎比较大的反击式或锤式破碎机，中（细）碎选用反击式或圆锥破碎机。

安徽长九（神山）灰岩矿项目采用国内生产的单段锤式破碎机。该设备具有产量大、排料粒度均匀、单位产品能耗低等特点，采用该种设备可简化工艺流程，提高生产效率。该型号设备生产1t砂石料平均耗电量是传统破碎机的50%，节能效果明显。

筛分工艺设计是机制骨料加工工艺设计的重要环节，要求合理选择筛分设备的筛分面积，使筛分物料尽量平铺到整个筛面上，从而提高筛分效率。筛分设备的配置应根据筛分原料含泥量、可洗性、级配曲线及所需处理能力等综合确定。在计算筛分处理能力时应计入给料量的波动，对于多层筛应逐层计算，按最不利层选择型号并校核出料端的料层厚度，要求其料层厚度不大于筛孔尺寸的3~6倍。粗骨料的筛分分级一般采用圆振动筛，细骨料的筛分分级用高频振动筛效果更好，直线振动筛常用于物料脱水。

制砂是机制骨料生产的关键环节，常用的制砂工艺主要有棒磨机、立轴冲击式破碎机、立轴冲击式破碎机与棒磨机联合、两级立轴冲击式破碎机以及塔式制砂楼制砂等，其中棒磨机制砂适宜湿法生产，立轴冲击式破碎机和塔式制砂楼系统适宜干法生产。

目前国内民用建筑机制骨料加工系统通常选用塔式制砂楼制砂，该楼采用全封闭式输送、生产及负压除尘设计，主要由制砂机（兼整形）、振动分级筛、空气筛、湿拌机和除尘器等组成。塔式制砂楼具有以下优势：

①高环保标准：制砂楼采用全封闭结构，加上其模块式组建加装环保除尘装置，起到无尘、隔绝噪声的效果；②返回式闭路系统，分离合格砂与细粉：制砂楼设计为返回式闭路系统，比一般制砂生产线的分级精度更细、更准确，增加了原来难以生产的0.15~0.6mm粒度，砂细度模数可稳定在2.4~2.8，砂石粉含量可在15%以下范围内自由调节，并且通过湿拌机可设定适当的含水率，可有效防尘砂在运输中产生扬尘和分离等；③占地面积小：设计为集约化楼塔式，大幅减少用地面积；④集成空气筛分和干法筛分技术，大幅度提升筛分效率。

4.3.4 物料运输

在机制骨料生产过程中物料运输是能源消耗最多、环境影响最大、设备投入最高的环节。在物料运输中应大力推广应用以下绿色环保技术：

（1）清洁能源汽车运输。目前清洁能源汽车在我国发展迅速，应用也十分普遍。白鹤滩电站大坝砂石加工系统共需生产砂石骨料约1910万t，生产的砂石骨料需通过专线公路运至大坝存料场，运距约47km，其运输全部采用LNG新能源汽车——以低温液态天然气为燃料的新一代天然气汽车，既能满足施工续驶里程长的需要，又能大幅减少汽车尾气排放量。初步计算，本项目LNG汽车全年使用天然气约817万m^3，相当于标准煤约9605t，每月可减少约2.5万t二氧化碳排放，减排效果显著。西安瑞德保尔机制骨料加工矿山石料运输使用油电混合新能源矿车，节能效果明显。

（2）长距离带式输送机运输。长距离带式输送机已被广泛应用于机制骨料的半成品料、成品料的运输，水电工程从龙滩电站开始使用，到向家坝、龙开口、黄登等电站广泛应用长距离带式输送机运输砂石骨料，目前长运距、大运量、大倾角、空间曲线带式输送机的关键技术已全面掌握。长距离带式输送机具有运量大、运输连续、能耗低和运费低等优点，且在运输线路布置上能适应不同地形条件，可翻山越岭，也可跨沟钻洞，同时噪声小、扬尘少，对沿途居民干扰小，综合技术指标优。如果是下行大倾角长距离带式输送机，还可应用其下行势能发电，充分实现能源的再生利用。

向家坝电站采用长距离带式输送机运输半成品骨料，输送线总长约31.1km，为当时水电工程中世界最长的带式输送机，其带宽1200mm，带速4m/s，设计输送能力3000t/h，共输送半成品量约3580万t。输送线由5条头尾相接的带式输送机组成，其中单条最长约8.3km。输送机穿越高山峡谷，形成9段隧道和8段跨沟构筑物，隧道段总长29.3km，设计为下行带式输送机，充分利用重力势能，与水平布置相比，驱动功率降低50%，在保证带式输送机长期可靠运行的前提下，有效地降低了驱动设备能耗。

安徽长九（神山）灰岩矿项目采用长距离带式输送

机输送成品混合料和砂,输送线全长约 13.0km,穿越 4 条隧道(隧道段总长约 5.0km),还下穿铜九铁路、G50 沪渝高速,跨越马料湖、X014 县道、G318 国道等重要路段或区域。带式输送机带宽 2.4m,带速 5m/s,设计输送能力 13000t/h,其综合水平世界领先。

(3)竖井运输。竖井运输应用于料场毛料和半成品料等运输,巧妙地利用天然地势中的重力做功解决物料垂直运输难题。与汽车运输相比,既提高了其长距离重载下坡的安全性能,又可有效避开料场开采爆破、飞石及边坡滚石对汽车运输的影响,避免了交叉施工干扰。竖井运输在水电工程中应用较多,如小湾电站孔雀沟料场、龙开口电站燕子崖料场、杨房沟电站金波料场、龙滩电站麻村料场等,安徽长九(神山)灰岩矿山也采用竖井运输毛料。

小湾电站孔雀沟料场在国内水电行业首次采用竖井垂直运输+井下石料破碎后带式输送机水平运输技术,成功解决了料场采区面积小,开采高差大,道路布置困难,开采运输强度高等技术难题。在料场中心部位布置两个上部直径 6m、下部直径 12m、深约 210m 的竖井,开采的毛料经竖井垂直运输至井底粗料车间破碎,破碎后的产品由底部带式输送机运至砂石系统半成品料仓,单个竖井运输毛料能力 1600t/h。

安徽长九(神山)灰岩矿采用上部直径 8m、下部直径 12m、深度约 280m 超大断面超深竖井输送方案。

4.3.5 废水处理

机制骨料生产系统如采用湿法生产,则会产生大量废水,废水中固体悬浮物远远高出国家地表水排放标准。废水处理的主要目标是降低固体悬浮物含量,一般采取物理法进行处理,其常用处理方式为沉淀和机械固液分离。目前通常采用沉淀与机械固液分离相结合的方式,如采取"机械预处理—辐流沉淀池—机械压滤脱水"废水处理工艺,即通过设置废水预处理车间,提前分离出废水中的粗颗粒,降低后续水处理压力;采用"预处理+辐流沉淀池"处理工艺,解决废水沉淀和泥浆板结顽症;选用厢式压滤机,解决污泥脱水难题。整个工艺对废水中的悬浮颗粒物进行充分而有效的颗粒分级预处理和后段高效机械脱水,可保证连续稳定运行。

4.3.6 粉尘与噪声控制

机制骨料加工系统粉尘主要来源于破碎、筛分、物料跌落如物料转送和输料溜槽等环节,一般采取洒水喷雾降尘、生物纳米技术抑尘和除尘设备机械除尘相结合的处理方式,以及必要的个体防护等。如对破碎、筛分车间等进行全封闭,并采用机械式收尘,辅以云雾抑尘和生物纳膜抑尘技术;物料转送点和输料溜槽等扬尘量小的部位,主要采用云雾和生物纳膜抑尘技术;个体防护采取方式主要是选用并佩戴隔尘效果好、呼吸阻力小且适宜长时间佩戴的防尘口罩,并正确穿戴工作服、工作帽和工作眼镜等。

机制骨料加工系统噪声主要来自破碎、筛分、带式输送机等设备以及物料相互碰撞、摩擦等。主要控制途径有:选择低噪设备,降低其噪声强度;使用合适降噪材料,减弱噪声;使用隔音材料,阻断传播途径或在传播过程中减弱;使用噪声个体防护器材。

5 川藏铁路机制骨料应用建议

川藏铁路雅安至林芝段总长约 1005.6km,起点四川雅安市,向西经康定市、昌都市至终点西藏林芝市,集合了山岭重丘、高原高寒、风沙荒漠、雷雨雪霜等多种极端地理环境和气候特征,工程建设需要面对崇山峻岭、地形高差、地震频发、复杂地质、季节冻土、山地灾害、高原缺氧以及生态环保等建设难题,被称为"最难建的铁路"。本工程开挖弃渣量和砂石骨料需求量巨大,开挖总量 2 亿多 m³,砂石骨料需求总量 9000 多 t。

川藏铁路雅安至林芝段沿线现有机制骨料生产线不能满足本工程建设需求,为解决川藏铁路工程砂石骨料供应问题,秉持生态优先,科学布局的理念,建议优先充分利用本工程弃渣制备砂石骨料,不足部分新建矿山进行补充,建设绿色环保砂石加工系统,为川藏铁路提供高品质绿色砂石骨料。

对于弃渣料的应用,建议采用以下两种方式:一是 TBM 开挖料宜生产机制砂;二是钻孔爆破法开挖料可生产全级配机制骨料。机制骨料加工系统可以在弃渣料场附近布置。

新建矿山建议根据线路工程特性、沿线料源并结合现有交通运输条件等综合因素,按照 100km 左右布置 1 个机制骨料加工系统的原则进行统筹规划。

6 结语

目前机制骨料制备技术快速发展,关键技术不断推陈出新,传统粗放的砂石生产加工模式和"散、小、乱、差"的砂石企业不断被关停,建立绿色化、工业化、智能化等现代机制骨料产业供应基地成为主流。

川藏铁路雅安至林芝段全线基本无现代化机制骨料供应基地,尤其是昌都邦达至林芝波密段处于无人区,为确保川藏铁路工程顺利建设,为其正常供应机制骨料,需配套建设绿色环保砂石加工系统。

深水区域土工砂袋精确抛填施工技术探讨

秦大超／中国电建集团港航建设有限公司

【摘　要】 深水河道岸坡防护需要先解决河床加固难题，中外工程实践证明，抛填土工砂袋是最经济有效的方式。但由于深水河道水流速度快，水面抛填后土工砂袋受水流影响而出现离散现象，抛填精度难以保证。而最新工程实践表明，加装导向架后的抛填技术近乎完美地解决了这一难题。

【关键词】 土工砂袋　精确抛填　导向架　链板机

1　导言

在河道整治工程实践中，对于侵蚀严重且较深的河段，采用土工砂袋散抛（而不是连续）形式进行岸坡防护，防护结构能够及时适应河床的变化，对河床冲蚀起到短期缓解的作用。同时，土工砂袋及装填材料价格经济、充填速度快、应急抛填防护的技术要求简单，成为河道防护治理的主要手段。这就要求改进施工方法，保证驳船上的土工砂袋能够精确抛填至河底。

2　技术应用背景

中国电建港航公司承建的孟加拉国帕德玛大桥河道整治工程施工项目（以下简称孟加拉项目），受到水文地质条件、设计寿命以及工程所在地地震烈度的影响，河道土工砂袋的抛填精度要求较高，超过国际疏浚规范要求的精度：抛填水下护底、护坡的土工砂袋约2100万个，抛填船舶定位平面精度在±150mm以内，土工砂袋落点平面偏差控制在±500mm以内。由于受水流、水深、潮汐以及土工砂袋尺寸的影响，土工砂袋落点随机性较大，实现土工砂袋高精度、高效率抛填有很大技术难度，因此迫切需要一种能够实现深水区域精确抛填土工砂袋的技术。

3　适用范围

深水区域精确抛填土工砂袋技术适用于对抛填精度要求较高的河道整治工程或有掩护的近海工程，抛填深度为3～30m，水流流速不超过1.5m/s，土工砂袋干重在60～1000kg以内。

4　技术原理

土工砂袋抛填精度主要受三个方面的影响：一是抛填船舶定位精度，二是水流对土工砂袋运动的影响，三是土工砂袋顺抛填方向的不规律运动。

4.1　抛填船舶定位精度

采用GPS定位系统，结合"水上自由行"软件实时显示抛填船位置，实现抛填船精确定位，定位精度达到厘米级。

（1）定位系统安装方式。

1）在已知控制点架设GPS基准站。

2）根据驳船船型尺寸，安装移动站模块，包括GPS定位天线、GPS定向天线、电台接收天线及GPS主机和接收电台主机的安装。

3）采集模块安装，包括电脑主机及相关软件及参数安装及设置。

4）基站及定位、采集模块连接测试。

（2）抛填船定位装置布置。

1）抛填船抛填一侧布置链板机、导向架。

2）紧邻链板机布置装土仓，作为砂料来源。

3）在抛填船另一侧架设电台接受天线、卫星天线，作为定位中枢。

4.2　土工砂袋抛填

采用吨包机、链板机装填、抛放方式，实现砂料倒运、装袋、抛填施工流程的集约化和高效化。

4.3　土工砂袋约束

利用抛填设备上的导向装置，引导土工砂袋准确下落至预定抛填点，约束土工砂袋下落过程的漂移，提高抛填位置精度，达到土工砂袋精准着床的效果，提高抛填施工效率，减少安全风险，具体原理如下：

（1）导向装置由可上下伸缩的导向架和导向笼组成，导向架作为骨架系统起到支撑作用，导向笼起到防止土工砂袋脱离导向架的作用。

（2）通过链板机的自动抛填系统，将装填后的砂袋沿导向架抛至河底，由于导向架的作用缩短了砂袋在水中自由落体的高度，提高了抛填精度。

（3）根据水下测量，实时调整导向架的起落高度，保持导向架与待抛填地点始终保持在规定的范围之内，避免发生土工砂袋碰撞导向架、导致导向架倾倒的风险。

5 土工砂袋在抛填船上的作业

土工砂袋抛填船总体上分为四个区域：砂料存储区、装填缝合区、抛填区和控制区。砂料存储区位于抛填船一侧，装填缝合区紧邻砂料存储区，之后是抛填区。控制区位于抛填船驾驶室附近，避免影响现场施工作业。

5.1 填充料供应

土工砂袋填充料供应方式较多，最简单易行的方式采用运砂船运至抛填船存储区一侧，采用挖掘机卸料的方式进行供料，能满足大型土工砂袋装填填充料的持续消耗。

5.2 装填和抛填

采用吨包机装填＋链板机输送方式，链板机分为装填区和缝合抛放区，自动化生产程度高，单船日产800kg土工砂袋约3300袋，极大提高了施工效率。其装填、抛填流程见图1，具体流程如下：

（1）使用挖掘机为吨包机料斗上料，将土工砂袋展开放入于半圆柱的套筒内，并将土工砂袋袋口多余部分外翻套于套筒上，打开料斗阀门填充土工砂袋直至上料与套筒等高。

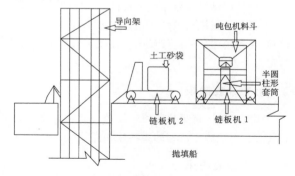

图1 吨包机＋链板机装袋、抛填示意图

（2）进行土工砂袋缝合，将土工砂袋袋口取出套筒，启动链板机1将土工砂袋移至链板机2上进行缝合。

（3）缝合土工砂袋的同时开始下一组装填作业。

（4）土工砂袋缝合完成并检查合格后，启动链板机2进行抛填，由于有导向架的引导、约束作用，可以极大减少土工砂袋入水姿态的差异性，提高抛填的平整度。

6 土工砂袋抛填及导向架调节

土工砂袋水下漂移主要受水流的影响，随着水深的不断增加，越靠近河床水流流速越慢，对土工砂袋影响越小。为保证精确的抛填效果，导向架底部与河床必须保持一个合适的距离，这个距离应该尽可能的小，同时要保证导向架不会与河床及抛填后土工砂袋发生碰撞而导致导向架变形甚至损坏。因此土工砂袋抛填阶段导向架调节目的是在保证安全的前提下使导向架与河床尽可能接近，从而实现土工砂袋精确抛填。

6.1 导向架机构组成

导向架机构主要包含专业浮箱、导向架、垂直起升支架、舷外固定支架、吊杆、卷扬机、滑轮组、电气控制设备系统及其他辅助设施，浮箱中部中空放置导向笼，浮箱外有固定支架以放置备用导向架。

6.2 导向架具体参数

土工砂袋抛填导向架每段高度为4m，长7.5m，宽1.5m，每段为7个横向土工砂袋的抛填窗口、2个纵向土工砂袋的抛填窗口，工作面由可拆卸的钢管组成。当导向笼移到相应位置取下钢管即可进行抛填，非工作面由不可拆卸竖直钢管、细钢筋和斜钢管组成。在每个导向支架上有一组滑轮组，分别由一台卷扬机控制钢丝绳的动作，实现支架的起升操作。

6.3 导向架拼接、拆除

导向架两侧垂直起升支架上的卷扬机通过滑轮组以及挂钩与导向架相连，抛填过程中可对导向架进行升降作业，起升架仅在升降导向架过程中受力，导向架工作过程中由导向架两侧牛腿与浮箱甲板上牛腿连接受力。垂直起升架最多可提升12m，超过12m需要使用挖掘机或锚艇协助移除。

6.4 导向架拼接数量计算

导向架高度 $H = h_1 + h_2 + h_3 - h_4$

式中 h_1——实时水位，通过测量仪器测量得出，m；

h_2——抛填船底对应河床高度，通过水下测量仪器测量得出，m；

h_3——抛填船甲板到水面高度，通过抛填船吃水深度可得出，m；

h_4——导向架到河床所需预留的最低高度，通过试验得出。

每段导向架高度为 4m，因此需要导向架段数为 $H/4$，向上取整数。

6.5 导向架升降及土工袋抛填

每个抛填窗口高 2m，导向架每次提升必须按抛填窗口为单位进行提升。为保证导向架的安全，抛填船移到下一抛填位置前必须先将导向架提升到预定位置，通过水位、吃水深度、下一抛填位置河床高程、预留高度计算出导向架所需最佳高度 H，$H/2$ 向下取整数为甲板下的抛填窗口数，提高垂直起升架上卷扬机调整起升导向架使之满足所需的抛填窗口数。

7 施工技术要求

孟加拉项目工程施工中，抛填水下护底、护坡的土工砂袋约 2100 万个，包含 1700 万个 125kg 土工砂袋和 400 万个 800kg 土工砂袋抛填。

7.1 设计要求

（1）800kg 土工砂袋分为护坦抛填和护坡抛填。护坦抛填在基槽位置，高程为 -15.00～-25.00m 不等，设计为至少覆盖 5 层，最大厚度不能超过目标值的 125%。800kg 护坡防护设计为至少覆盖 4 层，最大厚度不能超过目标值的 150%。125kg 土工砂袋下护坡防护，设计为至少覆盖 3 层，最大厚度不能超过目标值的 150%。

（2）通过陆上抛填试验，5 层 800kg 土工砂袋厚度目标值为 179.21cm，最小厚度为 143.05cm，抛填密度为 2.7 袋/m²，因此基槽 5 层 800kg 土工砂袋合格区间为 143.05～224.02cm 之间。3 层 125kg 土工砂袋厚度目标值为 84.34cm，最小厚度为 48.28cm，抛填密度为 6.27 袋/m²，因此基槽 3 层 125kg 土工砂袋合格区间为 48.28～126.51cm。

7.2 合格区间

抛填河床由于土工砂袋下落冲击和随时间河床的沉降，会导致土工砂袋多波束测量厚度大于实际厚度，由于不同施工面地质条件不同，各个施工面沉降量均不同，因此土工砂袋抛填施工的同时需同步进行施工面沉降量的测试工作，每 100m 一个沉降测量点，以各个沉降点平均值代表该施工面的沉降量。土工砂袋合格区间见表 1。

表 1   土工砂袋合格区间

项　　目	容许最小厚度/cm	容许最大厚度/cm
5 层 800kg 土工砂袋	143.05－沉降量	224.02
3 层 125kg 土工砂袋	48.28－沉降量	126.51

8 精度检验

8.1 抛填过程

在抛填高程为 -15.00m、长度 30m 的作业区域进行抛填，土工砂袋抛填间距为 1.4m，抛填步距为 1.34m，每个抛填位置抛填 5 层土工砂袋，定位精度在 15cm 以内。抛填前在该施工区域进行沉降试验，通过三个测量点测得沉降量分别为 10cm、9cm 和 10cm，该区域平均沉降量为 9.67cm。

8.2 检验手段

抛填质量检测采用多波束测量，土工砂袋抛填效果采用统计学原理进行点数据分析。施工前，进行多波束测量，抛填完成后进行抛后多波束测量，将测量数据与设计数据进行差分处理，按照每 0.2m 一个点抽取差分数据，采用正态分布曲线对抽取的点数据进行分析，由此进行土工砂袋抛填质量评定。

8.3 检验结果

土工砂袋采用导向架抛填，土工砂袋受水流等影响极小，仅有极少土工砂袋落于抛填范围之外。经现场实际施工测量，导向架抛填方法仅 4.23% 落于抛填区域外，99.1% 的土工砂袋均落于设计线 +0.5m 以内区域，抛填精度可以达到 0.5m，需要补抛区域仅 0.2%。而传统散抛抛填区域合格率仅为 76.2%，偏低需要补抛区域达到 7.2%。通过连续观测，采用导向架的深水区域精确抛填技术每日抛填土工砂袋平均 2300 袋，最高可达 3500 袋，均比传统散抛方法提高 15%。

9 结语

从实际工程实践来看，采用导向架的深水区域精确抛填土工砂袋技术，抛填精度能控制在 0.5m 范围以内，土工砂袋整体覆盖率 100%，层数均匀，表面平滑，一次抛填合格率满足技术规范中厚度和表面平整度的要求，抛填效果易得到建设方的认同，为孟加拉项目节省了大量的时间，并创造了较大的经济效益，保证了工程的顺利实施。

混凝土工程

高寒地区碾压混凝土快速施工

姚必全　郑　祥/中国水利水电第七工程局有限公司

【摘　要】　连续、高强度、快速施工既是碾压混凝土的施工特点，也是层间结合质量的根本保证。本文以西藏果多水电站为例，结合其高海拔、高寒、高温、风大、高蒸发的气候特点，论述了高寒地区碾压混凝土快速施工的工艺措施。
【关键词】　高寒地区　碾压混凝土　快速施工　工艺措施

1　果多水电站的工程特点

果多水电站位于西藏自治区昌都县境内，为扎曲水电规划"两库五级"中第二个梯级电站，施工区平均海拔在 3400m 左右，冬季极端最低气温为 -20.7℃（1982 年 12 月 26 日），多年平均气温为 7.7℃，空气较为干燥，相对湿度在 39%～59% 之间。该区域昼夜温差较大，最大月平均日温差高达 18.8℃，年平均日温差为 16℃。碾压混凝土重力坝坝顶高程为 3421.0m，最大坝高 74.0m，坝顶全长 235.5m，共由 13 个坝段组成，即由 6 个挡水坝段、4 个引水坝段、3 个溢流坝段组成。坝体除结构和布置上要求采用常态混凝土的部位外，凡具备碾压混凝土施工条件的部位均为碾压混凝土。坝体混凝土总方量约 43.0 万 m^3，其中碾压混凝土约为 30.0 万 m^3，约占坝体混凝土总量的 69.8%。

由于工程地处高原高寒地区，每年 12 月初至次年 2 月底为冬歇期，不进行混凝土浇筑施工。根据大坝工程的建设工期要求，大坝碾压混凝土需快速施工，同时为缩短层间间隔时间，提高层面结合质量，也需要加快碾压混凝土施工速度、提高施工强度。

为了达到碾压混凝土连续、高强度、快速施工的目的，要处理好以下问题：①混凝土浇筑入仓手段；②混凝土运输及管理体系；③科学规划仓号，保证混凝土连续、高效、均衡地施工；④高温、高寒条件下碾压混凝土连续施工。

2　施工入仓布置

大坝碾压混凝土运输主要采用自卸汽车及箱式满管等运输设备，个别地段用塔（顶）带机入仓。

2.1　自卸汽车

自卸汽车从右岸混凝土拌和系统接料，通过右岸 1# 公路、右岸 2# 公路、右岸 3# 公路和布置在上下游基坑内的道路直接入仓卸料。采用自卸汽车直接入仓，左岸坝段（1#～7# 坝段）部位可控制到高程 3386m，右岸坝段（8#～13# 坝段）部位可控制到高程 3394m，是大坝下部碾压混凝土施工的重要入仓手段。

2.2　自卸汽车＋箱式满管

2 套箱式满管分别布置于左右岸坝肩槽，控制高程分别为：左岸高程 3386～3420m；右岸高程 3394～3420m。通过箱式满管运输的仓内布置，自卸汽车进行倒运。

3　快速施工措施

3.1　仓面规划及仓面工艺设计

由于果多大坝混凝土浇筑量大、工期紧迫、技术复杂，因此，必须高强度、快速施工。为保证混凝土施工质量，必须针对不同的浇筑高程、气象条件、浇筑设备能力、不同坝段的形象面貌要求等合理地划分浇筑仓，并在混凝土浇筑之前，对浇筑仓号进行仓面工艺设计。

对碾压混凝土而言，仓面划分的大，既有利于仓面设备效率的发挥，又有利于减少坝段之间的模板使用数量，同时，也有利于仓面管理；但是，仓面过大也有不利的一面，由于层间间歇时间、温控、大坝基础固结灌浆等原因，导致碾压混凝土不能连续上升，间歇期浇筑设备闲置会影响设备效率的发挥，进而影响施工进度；另外，仓面过大时一旦遇到特殊情况，当层间间隔时间超过初凝时间时容易影响碾压混凝土层间结合质量。大坝工程根据结构特性及施工布置分为左右岸两个大仓面，最大仓面面积约 4500m²。

每一个浇筑仓均进行仓面设计，仓面工艺设计应将该浇筑仓的仓面特性、技术要求、施工方法、质量要点、资源配置等简洁地汇集到仓面工艺设计之中，以指导作业队严格按仓面工艺设计的要求进行有序、高效施工。

3.2 仓面配套设备及机具

（1）配套设备及机具。仓面设备按浇筑 1 个约 4000m² 仓号进行配置。仓面配套设备及机具见表 1。

（2）工具及其他施工器材。为了配合仓面施工，对仓面骨料分离、积水、泌水、变态混凝土施工、砂浆摊铺及机械难以施工的部位采用人工处理，故仓内需常备瓢、桶、抹布、拖把、铁锹、耙子、真空吸水器等工具。同时应配备保温被、彩条布对碾压混凝土面进行保温、保湿、防晒、防雨。

表 1　　　　　　仓面配套设备及机具

序号	设备名称	规格型号	单位	数量	单台生产效率/(m³/h)
1	振动碾	XD121	台	3	70～80
2	小型振动碾		台	2	
3	平仓机	SD13S	台	2	100～120
4	履带式切缝机		台	1	
5	手动切缝机		台	2	
6	高压水冲毛机	GCHJ50B	台	1	50
7	喷雾机	HW35	台	6	
8	搅拌储浆桶		个	4	
9	仓面吊	12t	辆	1	
10	ϕ100 振动棒		台	8	
11	核子密度仪		台	2	

注　可用高压水冲毛机进行仓面喷雾。

3.3 仓面组织管理体系

为了保证碾压混凝土浇筑"一条龙"正常、连续、快速进行，建立了一个组织严密、运行高效、信息反馈及时的仓面组织管理体系，同时于现场指挥中心设置现场监视系统，以便及时了解、掌握、处理现场问题。仓面组织管理体系见图 1。

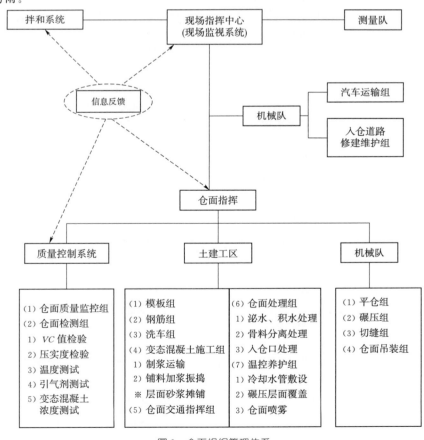

图 1　仓面组织管理体系

3.4 仓面施工工艺

3.4.1 模板工艺

模板安装是碾压混凝土快速施工的重要环节。根据碾压混凝土大坝的结构特点及薄层连续施工的需要，上下游面及横缝面采用3m×3.1m连续翻升钢模板；坝体廊道顶拱采用特制圆弧钢模板，边墙采用组合钢模板；电梯井采用定型模板。通过使用上述模板，施工效率大大提高，拆模、立模速度快，保证了碾压混凝土快速施工和外观质量的需要。

3.4.2 钢筋工艺

由于大坝廊道、孔洞较多，钢筋量较大，除少部分采用焊接连接外，均采用轧直螺纹机械连接，直接利用专门的冷轧攻丝设备在工厂加工直螺纹，仓内采用套筒连接即可，大大加快了仓内钢筋施工速度。

3.4.3 预埋件工艺

（1）止水片架立。在加工厂制作定型沥青板、定型木模板分别用于碾压混凝土仓内横缝及碾压仓侧面横缝，用钢筋支撑架和拉筋将模板及止水片固定牢固。在止水片周围50cm范围浇筑变态混凝土，施工过程中一旦发生偏离，及时修正。

（2）塑料冷却水管埋设。为了适应碾压混凝土施工特点，冷却水管采用φ32高密聚乙烯塑料管，分坝段垂直水流方向呈蛇形铺设，并间隔1.5m用自制钢筋U形卡固定，廊道周边的通过预埋导管引入相邻廊道，其余部分冷却水管均从下游引出。同时为了减少施工干扰，冷却水管采用相邻坝段错层布置。

3.4.4 布料工艺

本工程碾压混凝土运输主要采用自卸汽车直接入仓和"自卸汽车＋箱式满管"两种方式。布料要求做到：

（1）均匀连续。

（2）合理的堆料及卸料高度，一般控制在1m以内。

（3）料应卸在碾压混凝土已摊铺但未碾压的斜面上，即"软着陆"。

（4）卸料分条带进行，且与铺筑方向垂直。

（5）料堆旁出现分离的粗骨料应由人工将其均匀地摊铺到未碾压的混凝土面上。

3.4.5 平仓工艺

布料后及时平仓、碾压。平仓应控制摊料厚度，采取逐层降低，直至达到要求的铺料厚度。平仓要求做到：

（1）铺料厚度控制在允许偏差范围内，一般控制在±3cm以内。

（2）铺料方向尽可能垂直水流方向。

（3）平仓机两侧加挡板，以减少粗骨料向两侧分散，对粗骨料集中部位采用人工处理。

（4）平仓过程中卸料口应推成斜面。

3.4.6 碾压工艺

每个铺筑层摊平后，按要求的碾压遍数及时进行碾压。碾压要求应做到：

（1）大坝上下游二级配碾压混凝土防渗区碾压方向应垂直水流方向，其余部位也宜垂直水流方向。

（2）平仓后由一台振动碾及时跟进无振碾压2遍，其后数台振动碾按要求的有振碾压遍数平行错距碾压，碾压条带间的搭接宽度应不小于20cm，接头部位重叠碾压2.4～3m，最后由一台振动碾无振碾压1～2遍。

（3）振动碾的行走速度控制在1～1.5km/h。

（4）碾压混凝土允许层间间隔时间应小于混凝土初凝时间1～2h，碾压混凝土从出机至碾压完毕应控制在1.5h以内。

（5）仓面VC值应进行动态管理，根据现场的气温、昼夜、阴晴、湿度等气候条件适当调整出机口VC值，仓面VC值一般控制在3～5s，以碾压完毕时混凝土层面达到全面泛浆、人在上面行走微有弹性、仓面没有骨料集中等作为标准。

3.4.7 检测工艺

碾压混凝土仓内质量控制直接关系到大坝质量的好坏，其控制主要内容包括：VC值控制；卸料、平仓、碾压控制；压实度控制；浇筑温度控制。碾压混凝土铺筑现场检测项目和标准见表2。

表2 碾压混凝土铺筑现场检测项目和标准

检测项目	检测频率	控制标准
仓面实测VC值及外观评判	每2h一次	现场VC值允许偏差2s
碾压遍数	全过程控制	无振2遍→有振8遍→无振2遍
强度	相当于机口取样数量的5%～10%	
压实容重	每铺筑100～200m²碾压混凝土至少应有一个检测点，每一铺筑层仓面内应有3个以上检测点	每个铺筑层测得的相对密实度不得小于98.5%
骨料分离情况	全过程控制	不允许出现骨料集中现象
两个碾压层间隔时间	全过程控制	由试验确定不同气温条件下的层间允许间隔时间，并按其判定

检 测 项 目	检 测 频 率	控 制 标 准
混凝土加水拌和至碾压完毕时间	全过程控制	小于 1.5h
浇筑温度	2～4h 一次	5—9 月 $t_p \leqslant 17℃$，4 月、10 月 $t_p \geqslant$ 月均气温 $+1℃$，11 月至次年 3 月 $t_p \geqslant 7℃$

3.4.8 成缝工艺

碾压混凝土成缝工艺直接影响到碾压混凝土的施工速度，大坝工程仓面切缝工作量大，如不在施工工艺上解决好，将造成仓内很大的施工干扰，进而影响施工进度。目前碾压混凝土工程已普遍使用振动切缝机成缝。

在大坝碾压混凝土施工中采用液压振动切缝机（液压反铲加装一个振动切缝刀片），在振动力作用下使混凝土产生塑性变形刀片嵌入混凝土而成缝，填缝材料为 4 层彩条布，并随刀片一次嵌入缝中。该方法成缝整齐；在对混凝土振动液化下切嵌入填缝材料，松动范围小；行走方便，施工干扰小。振动切缝一般采用先碾后切，填充物距压实面 1～2cm，切缝完毕后用振动碾碾压 1～2 遍。

3.4.9 变态混凝土施工工艺

(1) 铺料。采用平仓机辅以人工分两次摊铺平整，顶面低于碾压混凝土面 3～5cm。

(2) 浆液生产、输送。浆液采取集中拌制，按配合比拌制的水泥煤灰净浆，通过输浆泵、管道从制浆站输送至仓面搅拌储浆桶。

(3) 加浆变态混凝土加浆是一道极其关键的施工工艺，直接关系到变态混凝土质量。主要控制以下两个环节：①加浆方式，主要采用"挖槽"加浆法来进行施工，以达到加浆的均匀性，加浆方式控制着平面洒浆均匀和立面浆液渗透均匀；②定量加浆，目前主要采用"容器法"人工定量加浆。

(4) 振捣。水泥煤灰净浆掺入碾压混凝土 10～15min 后开始用大功率振捣器进行振捣，加浆到振捣完毕控制在 40min 以内。

3.4.10 入仓口施工工艺

大坝碾压混凝土上部主要采用箱型满管施工，个别地段采用塔（顶）带机入仓。但在大坝下部，自卸汽车直接入仓仍是重要的入仓手段。入仓口处理直接影响到施工强度、速度和质量。前期采用坝外预制块封仓，每上升 60cm 安装一次，并填筑施工道路，但入仓口外观质量差，需做表面处理；其后改为门型钢栈桥跨 1.5m×0.6m 连续翻升钢模板，很好地解决了上述问题，同时简化了道路填筑，可开仓前一次填筑到位，节省了时间，有效地减少了入仓口施工对仓内碾压混凝土施工的干扰。

3.4.11 缝面处理工艺

施工缝必须进行缝面处理，缝面处理可用冲毛等方法清除混凝土表面的乳皮及松动骨料。层面处理完成并清洗干净，经验收合格后，均匀铺 1.5～2cm 厚的砂浆，然后摊铺碾压混凝土。缝面处理要求如下：

(1) 施工缝先采用低压水冲毛，水压力一般为 0.2～0.5MPa，冲毛在初凝之后，终凝之前进行。一般在混凝土收仓后 16～24h 进行，夏季取小值，冬季取大值。

(2) 采用高压水冲毛，水压力一般为 20～50MPa，冲毛必须在混凝土终凝后进行，一般在混凝土收仓后 20～36h 进行，夏季取小值，冬季取大值。高压水冲毛作业时，喷枪口距缝面 10～15cm，夹角 75°左右。

(3) 碾压混凝土浇筑前，施工缝必须冲洗干净且无积水、污物等。

(4) 为便于施工缝砂浆均匀摊铺，确保施工质量，砂浆稠度宜控制在 140～180mm。

(5) 上游防渗区（二级配碾压混凝土）内每个碾压层面，铺水泥煤灰净浆 5mm 厚，以提高层间结合及防渗能力。

3.4.12 表面养护保护工艺

低温时段施工时，应对混凝土长期暴露面（含施工层面）用保温被紧贴覆盖，防冷空气对流，以减少坝体内外温差、降低混凝土表面温度梯度；高温时段施工时，除对层面立即采用保温被进行覆盖外，待混凝土初凝后对混凝土表面进行洒水或流水养护，2～3 天后低温时段拆除保温被散热，同时对混凝土长期暴露面进行洒水或流水养护。

3.4.13 混凝土浇筑"一条龙"协调工艺

(1) 在混凝土开仓浇筑前，根据施工技术措施及仓面设计制定详细的施工方法，由仓面总指挥对有关人员进行交底，使现场施工有序进行。

(2) 施工过程中拌和厂按照试验室签发的配料单和水工混凝土施工规范要求的衡量精度进行生产配料，对配料过程质量负责，试验室对配料单负责，并对定称的准确性、衡量精度、拌和容量、拌和时间、投料顺序等负责监督检查。

(3) 运输能力应与混凝土拌和、浇筑能力和仓面具体情况相适应，安排混凝土浇筑仓位应做到统一平衡，以确保混凝土质量和充分发挥机械设备效率。运输车辆必须挂牌，标明混凝土种类、级配、来源，便于仓面管理。

（4）在仓面用画出分区线、碾压层厚、收仓线等，使仓内浇筑人员一目了然。

（5）施工管理部对混凝土拌和、运输、仓面施工一条龙负责组织协调。各管理部门及有关领导对仓面施工的意见通过仓面总指挥贯彻执行（仓面一般不允许用油漆画线，如需画线应用白水泥）。

3.5 施工优化措施

3.5.1 坝体廊道调整及模板规划

廊道顶拱全部采用了定型模板，大坝上下游面和横缝面采用连续翻升模板。具有结构简单、拆装方便、稳定性好的特点，保证了碾压混凝土的快速施工。

3.5.2 增大碾压混凝土连续升程高度

通过温控计算并采取必要的温控措施，将碾压混凝土浇筑升程由 3.0m 调整为 6.0m，节省了层面处理和混凝土等强时间，大大加快了施工进度。

3.5.3 合理的浇筑分仓

合理进行分仓，使整个工程施工在时空上衔接紧凑，有效地利用了施工时间，最大程度地实现施工生产均衡。

3.5.4 混凝土入仓方案优化

混凝土入仓方式必须以保证施工强度，减少施工干扰为原则，充分利用地形条件，在原箱式满管浇筑方案基础上增加了自卸汽车直接入仓浇筑大坝下部碾压混凝土，有效地提高了混凝土浇筑强度。

4 高气温条件下碾压混凝土坝的连续施工

碾压混凝土是一种干硬性混凝土，采用通仓薄层连续施工，较常态混凝土更易受到高气温、强烈日晒、蒸发、相对湿度、刮风等因素的影响，必须采取切实有效的施工技术措施，保证碾压混凝土连续、快速施工，以确保碾压混凝土的施工质量和施工进度。

4.1 优化混凝土配合比

优化混凝土配合比，提高混凝土抗裂能力，降低水化热温升；同时使混凝土拌和物具有最优的 VC 值、良好的可碾性和泛浆性、较长的初凝时间等。

4.2 降低出机口温度

采取一、二次风冷粗骨料，加片冰或冷水拌制预冷混凝土。

4.3 减少混凝土运输过程中温度回升

对自卸汽车、箱式满管等运输工具采取遮阳和保温隔热设施，合理组织混凝土运输，减少混凝土运输过程中温度回升。

4.4 控制混凝土浇筑过程中的温度回升

控制混凝土浇筑过程中的温度回升，主要采取以下措施：

（1）通过合理规划仓号和采用斜层平推铺筑法施工，尽可能减小混凝土浇筑仓面面积。

（2）提高混凝土入仓强度，加快混凝土入仓速度，缩短混凝土层间间隔时间。

（3）及时摊铺、及时碾压、及时覆盖（采用保温被），防止热气倒灌。

（4）在混凝土浇筑过程中，进行仓面喷雾，以降温、保湿。

（5）收仓后层面立即采用保温被进行覆盖。

4.5 加强通水冷却，严格控制坝体内混凝土最高温度

（1）冷却水管布置要达到坝体内混凝土均匀降温。

（2）为了减少冷却水管敷设对碾压混凝土施工的干扰，主要采取以下措施：①冷却水管采用高密度聚乙烯管；②需中期通水的冷却水管通过预埋导管引入水平廊道；③同仓号相邻坝段冷却水管错层（碾压层）布置。

（3）通河水，将坝体内混凝土温度控制在最高允许温度以内。

5 低温季节碾压混凝土坝的连续施工

5.1 调整混凝土出机特性

（1）适当调整配合比。碾压混凝土在原配合比不变情况下，调整减水剂配方。

（2）调整出机口 VC 值。冬季施工 VC 值以 $1\sim2s$ 为宜。

5.2 确保混凝土入仓温度

首先确保碾压混凝土出机口温度不小于 10℃，同时对运输车辆和满管采用 5cm 厚保温被包裹进行保温，合理组织混凝土运输，减少混凝土运输过程中温度回落。

5.3 控制混凝土浇筑过程中的温度回落

控制混凝土浇筑过程中的温度回落，主要采取以下措施。

（1）通过合理规划仓号和采用斜层平推铺筑法施工，尽可能减小混凝土浇筑仓面面积。

（2）提高混凝土入仓强度，加快混凝土入仓速度，缩短混凝土层间间隔时间。

（3）及时摊铺、及时碾压、及时覆盖（采用 5cm 厚保温被）。

（4）收仓后层面立即采用 5cm 厚保温被对外露面进

行覆盖。

6 结语

（1）高强度施工、科学管理、先进的施工技术和机械装备是保证碾压混凝土施工质量、加快施工进度的前提。

（2）碾压混凝土连续施工必须在初凝前覆盖上层混凝土。实践证明，及时摊铺、及时碾压、及时覆盖，缩短碾压混凝土层间间歇时间是提高碾压混凝土层间结合质量的有效措施。

（3）自卸汽车直接入仓是碾压混凝土快速施工的重要入仓手段。

（4）为了保证碾压混凝土高温季节的施工质量，应采取制冷措施降低混凝土出机口温度；采取遮阳喷雾、保温保湿和及时摊铺、及时碾压、及时覆盖等措施减少混凝土运输、浇筑过程中温度回升；采取水管冷却措施控制坝体最高温度。

（5）为了保证碾压混凝土低温季节的施工质量，应采取保温措施确保混凝土入仓温度；采取保温和及时摊铺、及时碾压、及时覆盖等措施减少混凝土运输、浇筑过程中温度回落；采取保温措施对混凝土进行表面保温。

在高寒地区施工碾压混凝土大坝由于采取了以上各项措施，有效地提高了碾压混凝土施工强度，平均月升层 6m，最大升层 9m，高峰强度约 7.7 万 m³/月。大坝经过近四年的运行，各项指标达到设计要求，实现了快速施工。

参考文献

[1] 吴旭．龙滩水电站大坝工程碾压混凝土快速施工技术 [J]．四川水力发电，2005，24（5）：75-80.

[2] 王石连．亭子口大坝特大仓面碾压混凝土施工组织与管理 [J]．四川水利，2013，34（3）：65-68.

[3] 金双全，朱育岷，陈丽琴．变态混凝土在龙滩大坝工程中的研究和应用 [C]//中国水力发电工程学会、中国水利学会 2012 年度碾压混凝土筑坝技术交流研讨会论文集．北京：中国水力发电工程学会，中国水利学会，2012.

[4] 申时钊，罗矣媛．碾压混凝土的层间结合控制 [C]//庆祝坑口碾压混凝土坝建成 20 周年暨龙滩 200m 级碾压混凝土坝技术交流会论文汇编．北京：中国水力发电工程学会，2006.

[5] 王科良，冯星星．碾压混凝土大坝工程快速施工的技术分析 [J]．城市建筑，2013（2）：92-93.

[6] 于润明，宋建军，冷继菊．碾压混凝土高温施工技术措施 [C]//水工大坝混凝土材料与温度控制学术交流会论文集．北京：中国水力发电工程学会，2009.

[7] 苗孝哲，赵喜云．官地碾压混凝土大坝上游入仓方式研究 [C]//中国水力发电工程学会、中国水利学会 2012 年度碾压混凝土筑坝技术交流研讨会论文集．北京：中国水力发电工程学会，中国水利学会，2012.

单掺火山灰碾压混凝土配合比试验与研究

侯 彬/中国水利水电第三工程局有限公司

【摘 要】 弄另水电站所处地域没有粉煤灰，外地运输成本高。本文论述了单掺火山灰碾压混凝土的试验及应用成果，为没有粉煤灰区域的大坝建设，提供了可借鉴的经验。

【关键词】 碾压混凝土 单掺火山灰 试验研究 应用成果

1 前言

弄另水电站工程位于云南省德宏州龙江—瑞丽江中段的干流上。水电站以发电为主，兼顾防洪、灌溉，总装机180MW，属Ⅱ等大（2）型工程。水库总库容2.32亿 m^3。拦河坝为碾压混凝土重力坝，最大坝高90.5m。坝体常态混凝土约5.3万 m^3，碾压混凝土29.76万 m^3。

由于当地无粉煤灰，外地采购加上运费成本单价高于水泥，故水电站可研阶段及招标设计阶段混凝土胶凝材料均为硅酸盐水泥＋双掺料（50%凝灰岩灰、50%磷矿渣灰）。因磷矿渣需从昆明采购，运距远，供应不稳定，且成本高，经测算较难保证高峰期施工强度的需要。施工现场无掺和料掺和设施，如采用双掺料方案，拌和系统需增加储料、衡量等设施，因场地有限，难度大、费用高。

针对上述难题，科研人员对周边的原材料产地进行了调研。腾冲县盛产火山石（凝灰岩）且储量丰富，因此提出了碾压混凝土单掺火山灰的思路。通过厂校合作，对比试验，成功将单掺火山灰工艺在碾压混凝土大坝中进行了应用，取得了较好的成果，并进行了推广。

2 火山灰掺合料性能试验

配合比试验所用掺合料为云南省腾冲县生产的火山灰。选取褐色的火山灰块石，经破碎机破碎后，由球磨机磨至所需粒径。火山灰的化学成分分析结果见表1。

2.1 火山灰细度与强度比关系

火山灰品质检验结果及火山灰细度与强度比关系见表2。

表1 火山灰化学成分分析结果

样品名称	化学成分及含量 w_B/%												
	SiO_2	Al_2O_3	Fe_2O_3	CaO	MgO	K_2O	Na_2O	TiO_2	P_2O_5	MnO	SO_3	F	烧失量
火山灰	56.95	19.4	6.26	5.6	2.31	3.49	3.43	1.13	0.50	0.11	0.03	—	0.54

表2 火山灰细度与强度比关系

样品编号	生产厂家	需水量比/%	细度/%	密度/(g/cm³)	含水量/%	强度比/%			
						7d		28d	
						抗折	抗压	抗折	抗压
H-1	腾冲华辉	100	10.9	2.70	0.2	75.1	61.3	75.6	67.7
H-2	腾冲华辉	100	13.0	2.71	0.2	74.2	61.1	72.6	65.0
H-3	腾冲华辉	100	17.0	2.72	0.2	66.7	55.6	70.7	63.6

2.2 火山灰细度与强度比关系分析

试验结果可以看出，该细度段不同细度的火山灰在短龄期（7d）抗压和抗折强度比相差都不大，并且没有明显的规律性；而28d抗压和抗折强度比相差较大，规律性也很好。这说明在短龄期内，由于水泥及火山灰水化不充分不彻底，强度还没有完全被激发和提高。

2.3 火山灰细度与活性关系研究总结

经过对火山灰细度与活性关系试验结果的分析可以得出在该细度段的以下几个关系：

（1）该细度段的火山灰细度由大到小发生变化，其强度比是一个由小到大的发展趋势。

（2）该细度段不同细度的火山灰随着龄期的增长其强度比也随之增大。

（3）该细度段的火山灰细度越小强度比越大，也就是说火山灰越细它的活性也越高，而且随着龄期的增长其强度也呈增长趋势。

3 单掺火山灰碾压混凝土配合比及性能试验

3.1 碾压混凝土设计技术指标

碾压混凝土设计技术指标见表3。

表3　碾压混凝土设计技术指标表

设 计 指 标		下部 R I（碾压混凝土）	上部 R II（碾压混凝土）	上游面 R III（碾压混凝土）
设计强度等级		C15	C10	C20
180d 强度指标/MPa（180d、保证率80%）		15	10	20
抗渗等级（180d）		W4	W4	W8
抗冻等级（180d）		F50	F50	F100
极限拉伸值 ε_p（180d）		0.8×10^{-4}	0.75×10^{-4}	0.8×10^{-4}
VC 值/s		5～7	5～7	5～7
最大水胶比		<0.5	<0.5	<0.45
层面原位抗剪断强度（180d、保证率80%）	f'	1.0～1.1	1.0～1.1	1.0
	C'/MPa	1.9～1.7	1.4～1.2	2.0
容重/(kg/m³)		≥2400	≥2400	≥2400
相对压实度/%		≥98.5	≥98.5	≥98.5

掺粉煤灰的大坝碾压混凝土参考配合比见表4。

表4　大坝碾压混凝土参考配合比

参 数	下部 R I（碾压混凝土）	上部 R II（碾压混凝土）	上游面 R III（碾压混凝土）
设计强度等级	C15	C10	C20
水胶比	0.42	0.51	0.42
最大骨料粒径/mm、级配	80、三	80、三	40、二
粉煤灰掺量/(kg/m³)	110	105	140
水泥用量/(kg/m³)	90	60	100
VC 值/s	5～7	5～7	5～7

3.2 设计对碾压混凝土配制强度要求

碾压混凝土配制强度见表5。

表5　碾压混凝土配制强度一览表

强度等级	强度保证率 $P(t)$/%	与要求保证率对应的概率度 t	标准平均偏差 σ_0	配制强度 $f_h = f_d + t\sigma_0$ /MPa
$C_{180}10$	80	0.84	3.5	12.9
$C_{180}15$	80	0.84	3.5	17.9
$C_{180}20$	80	0.84	4.0	23.4

3.3 碾压混凝土配合比试验

在进行碾压混凝土配合比参数选择时，应根据实际工程和施工条件，以及设计要求的技术指标，选定混凝土拌和物 VC 值（即工作度）的控制范围、骨料级配、混凝土的保证强度等基本配合条件，据此来确定混凝土的单位用水量、水胶比、砂率等参数。

3.3.1 砂率与 VC 值的关系

碾压混凝土砂率与 VC 值的关系见表6。

表6　碾压混凝土砂率与 VC 值的关系

级配情况	砂率/%	VC 值/s	备 注
三级配	28.5	9.48	用水量为89kg/m³，火山灰掺合料比例为55%
	29.7	3.5	
	30.7	4.6	
二级配	36	21.6	
	34	16.6	
	32	12.3	
	30	29.1	

从表6可以看出砂率对 VC 值的影响，因此，对于二级配碾压混凝土，砂率选用32%；对于三级配碾压混凝土，砂率选用30%。

3.3.2 单位用水量与VC值的关系

影响碾压混凝土单位用水量的因素较多，如骨料品种、级配、吸水率、细骨料的细粉含量、掺合料的品种及细度等。碾压混凝土用水量与VC值的关系见表7。

表 7 碾压混凝土用水量与VC值的关系

级配情况	用水量 /（kg/m³）	VC 值 /s	备 注
三级配	83	25.0	砂率30.7%
	89	4.6	
	97	4.5	
二级配	86.5	21.6	砂率32%，火山灰掺和料比例为55%
	89	12.3	
	99	4.8	

从表7可以看出，三级配单位用水量为89kg/m³时，VC值比较合适，因此确定碾压混凝土三级配单位用水量为89kg/m³；二级配碾压混凝土单位用水量定为99kg/m³。

3.3.3 VC值经时损失

碾压混凝土拌和后停放时间与VC值的关系见表8。

表 8 碾压混凝土VC值经时损失

停放时间/h	VC 值/s	备注
0	3	
0.5	5	
1	9	环境温度18℃
2	15	
3	26	

另外，环境温度升高、阳光直射均会导致VC值的增大。因此，施工现场应根据具体的施工条件，得出碾压混凝土VC值经时损失规律，用以指导碾压混凝土的施工安排。阳光直射下混凝土失水可导致VC值迅速增大，需要采取必要的措施，比如喷雾补水、保温覆盖等。

3.3.4 三级配碾压混凝土（$C_{90}15W_{90}4F_{90}50$）

（1）三级配碾压混凝土（$C_{90}15W_{90}4F_{90}50$）配合比单掺和双掺对比试验见表9。

（2）混凝土拌和物及抗压、劈拉强度等性能单掺和双掺对比测试结果见表10。

表 9 碾压混凝土试验配合比表

编 号	水胶比	外加剂/% HC-3	引气剂/% HC-9	掺合料比例/%	砂率/%	单位材料用量/（kg/m³） 水	水泥	火山灰	磷矿渣	砂	小石	中石	大石
$C_{90}15W_{90}4F_{90}50-1$	0.53	0.7	0.02	60	29.8	88	67	99	—	645	456	609	456
$C_{90}15W_{90}4F_{90}50-2$	0.53	0.7	0.02	55	29.8	88	75	91	—	645	456	609	456
$C_{90}15W_{90}4F_{90}50-8.7$	0.49	0.7	0.02	58	30	79	68	48	48	654	457	609	457
$C_{90}15W_{90}4F_{90}50-8.22$	0.49	0.7	0.02	58	30.7	79	68	96	—	669	452	604	452

表 10 三级配碾压混凝土（$C_{90}15W_{90}4F_{90}50$）性能测试结果

编 号	VC 值 /s	抗压强度/MPa 7d	28d	60d	90d	劈拉强度/MPa 7d	28d	60d	90d	抗渗等级 90d	抗冻等级 90d
$C_{90}15W_{90}4F_{90}50-1$	5.9	9.5	14.1	—	19.1	0.66	1.02	—	1.26	W4	F50
$C_{90}15W_{90}4F_{90}50-2$	5.5	10.7	15.5	—	21.5	0.84	1.23	—	1.39	W4	F50
$C_{90}15W_{90}4F_{90}50-8.7$	6.5	11.6	17.1	22.5	26.7	0.72	1.18	1.29	1.80	W4	F50
$C_{90}15W_{90}4F_{90}50-8.22$	7.0	—	14.9	18.7	22.2	—	0.85	1.12	1.40	W4	F50

3.3.5 二级配碾压混凝土（$C_{90}20W_{90}8F_{90}100$）

（1）二级配碾压混凝土（$C_{90}20W_{90}8F_{90}100$）单掺和双掺对比试验配合比见表11。

（2）混凝土拌和物及抗压、劈拉强度等性能单掺和双掺对比测试结果见表12。

3.3.6 单掺混凝土极限拉伸与轴拉强度

混凝土极限拉伸采用100mm×100mm×515mm试件进行试验，变形用电测千分表测得。试验结果见表13。

3.3.7 单掺混凝土干缩

混凝土干缩采用100mm×100mm×515mm棱柱体试件进行试验，试验结果见表14。

表 11 碾压混凝土试验配合比表

编 号	水胶比	外加剂/% HC－3	引气剂/% HC－9	掺和料比例/%	砂率/%	单位材料用量/(kg/m³)							
						水	水泥	火山灰	磷矿渣	砂	小石	中石	大石
$C_{90}20W_{90}8F_{90}100-1$	0.5	0.7	0.03	57	32	94	82	107	—	678	685	756	
$C_{90}20W_{90}8F_{90}100-2$	0.5	0.7	0.03	57	32	94	82	53	53	678	685	756	
$C_{90}20W_{90}8F_{90}100-8.8$	0.48	0.7	0.03	60	34	80	68	74	25	733	676	746	
$C_{90}20W_{90}8F_{90}100-8.23$	0.45	0.7	0.03	58	34	98	91	126	—	710	654	723	

表 12 二级配碾压混凝土（$C_{90}20W_{90}8F_{90}100$）性能测试结果

编 号	VC值/s	抗压强度/MPa				劈拉强度/MPa				抗渗等级 90d	抗冻等级 90d
		7d	28d	60d	90d	7d	28d	60d	90d		
$C_{90}20W_{90}8F_{100}-1$	6.2	11.2	17.3	—	22.9	0.56	1.29		1.63	W8	F100
$C_{90}20W_{90}8F_{100}-2$	6.0	13.3	19.5		26.8	0.82	1.52		1.91	W8	F100
$C_{90}20W_{90}8F_{100}-8.8$	5.7	—	18.2	22.5			1.35	1.76		W8	F100
$C_{90}20W_{90}8F_{90}100-8.23$	3.9		16.7	22.4			1.30	1.82		W8	F100

表 13 混凝土极限拉伸与轴拉强度

编 号	配合比情况	极限拉伸/(10^{-4}) 28d	轴拉强度/MPa 28d
$C_{90}15W_{90}4F_{90}50-1$	Rcc15 T60%	0.79	1.27
$C_{90}15W_{90}4F_{90}50-2$	Rcc15 T55%	0.78	1.42
$C_{90}20W_{90}8F_{100}-1$	Rcc20 T57%	0.74	1.49

表 14 混凝土干缩试验结果

编 号	配合比情况	不同龄期干缩率/(10^{-6})							
		1d	2d	3d	5d	7d	14d	19d	21d
$C_{90}15W_{90}4F_{90}50-2$	Rcc15 T55%	32.26	60.22	81.72	126.88	146.24	197.85	236.56	268.82
$C_{90}15W_{90}4F_{90}50-1$	Rcc15 T60%	38.71	55.91	55.91	141.94	148.39	247.31	258.06	270.97

编 号	配合比情况	不同龄期干缩率/(10^{-6})			
		24d	27d	28d	41d
$C_{90}15W_{90}4F_{90}50-2$	Rcc15 T55%	266.67	292.47	320.43	341.94
$C_{90}15W_{90}4F_{90}50-1$	Rcc15 T60%	292.47	309.68	341.94	376.34

编 号	配合比情况	不同龄期干缩率/(10^{-6})							
		1d	3d	5d	7d	14d	18d	21d	28d
$C_{90}20W_{90}8F_{100}-1$	Rcc20 T56.6%	47.31	68.46	113.98	144.09	245.16	260.22	339.78	348.39
$C_{90}20W_{90}8F_{100}-2$	Rcc20 T28.3% ＋P28.3%	40.86	64.46	113.98	150.54	238.71	292.47	307.53	311.83

编 号	配合比情况	不同龄期干缩率/(10^{-6}) 35d
$C_{90}20W_{90}8F_{100}-1$	Rcc20 T56.6%	359.14
$C_{90}20W_{90}8F_{100}-2$	Rcc20 T28.3% ＋P28.3%	346.24

注 混凝土干缩龄期以试件成型后 2d 为基准。

由表 14 的试验结果可见，混凝土 7d 的干缩率在 $(144.09\times10^{-6})\sim(150.54\times10^{-6})$ 之间，28d 的干缩率在 $(311.83\times10^{-6})\sim(348.39\times10^{-6})$ 之间。双掺磷矿渣和火山灰碾压混凝土干缩与单掺火山灰碾压混凝土的干缩未见明显差别。可见，单掺火山灰没有明显加大碾压混凝土的干缩。

3.3.8 混凝土的热学性能

（1）单掺导温系数的测定结果见表 15。

表 15 混凝土导温系数测定结果

编 号	配合比情况	导温系数/(m²/h)
$C_{90}15W_{90}4F_{90}50-1$	Rcc15 T60%	0.003565
$C_{90}20W_{90}8F_{100}-1$	Rcc20 T56.6%	0.003532

（2）单掺比热试验结果见表 16。

表 16 比热测定结果

编 号	配合比情况	平均比热/[kJ/(kg·℃)]
$C_{90}15W_{90}4F_{90}50-1$	Rcc15 T60%	0.9517
$C_{90}20W_{90}8F_{100}-1$	Rcc20 T56.6%	0.9761

（3）导热系数。通过试验测得混凝土导温系数、比热和容重后，可通过以下公式计算导热系数：

$$\alpha = \frac{K}{\rho C}$$

式中 α——混凝土导温系数，m²/h；

K——混凝土导热系数，kJ/(m·h·℃)；

ρ——混凝土容重，kg/m³；

C——混凝土比热，kJ/(kg·℃)。

各项结果见表 17。

表 17 导热系数计算结果

编 号	配合比情况	导温系数/(m²/h)	比热/[kJ/(kg·℃)]	容重/(kg/m³)	导热系数/[kJ/(m·h·℃)]
$C_{90}15W_{90}4F_{90}50-1$	Rcc15 T60%	0.003565	0.9517	2420	8.21
$C_{90}20W_{90}8F_{100}-1$	Rcc20 T56.6%	0.003532	0.9761	2402	8.28

（4）绝热温升。$C_{90}15W_{90}4F_{90}50-1$ 与 $C_{90}15W_{90}4F_{90}50-2$ 相比，$C_{90}15W_{90}4F_{90}50-2$ 水泥用量稍大，故对 $C_{90}15W_{9}04F_{90}50-2$ 进行绝热温升试验。结果见图1、图2。

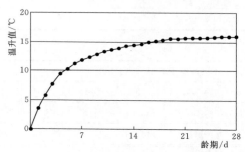

图1 $C_{90}15W_{90}4F_{90}50-2$ 绝热温升随龄期变化曲线

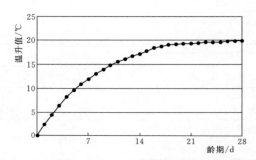

图2 $C_{90}20W_{90}8F_{100}-1$ 绝热温升随龄期变化曲线

从图1、图2可以看出，C15 碾压混凝土绝热温升在 14d 龄期后趋于平缓，C20 碾压混凝土绝热温升在 20d 龄期后趋于平缓，其 28d 绝热温升值均在 20℃ 以内。

在前期混凝土配合比工作的基础上，水泥调整为奥环 P·O42.5 水泥，对碾压混凝土配合比进行了复核，结合现场碾压情况，对部分配合比进行了适当调整及优化，推荐用于现场施工（表18）。

3.4 单掺碾压混凝土性能试验结果

混凝土拌和物及抗压、劈拉等性能试验结果见表19。

表 18 单掺火山灰碾压混凝土配合比

编 号	水胶比	砂率/%	掺合料比例/%	外加剂/% HC-3	外加剂/% HC-9	水	水泥	火山灰	火山灰代砂	砂	小石	中石	大石
$C_{180}10W4F50$	0.55	30	65	0.8	0.02	87	55	103	10	638	458	612	458
$C_{180}15W4F50$	0.49	30	55	0.8	0.02	79	73	88	30	624	458	610	458
$C_{180}20W8F100$	0.45	32	50	0.8	0.03	98	109	109	—	668	674	745	—

注 1. 砂为中砂，细度模数2.9；小石：中石=47.5：52.5。现场应根据原材料级配情况做适当调整。砂细度模数变化±0.2，混凝土砂率按±（1%～2%）调整。

　　2. 减水剂 HC-3 的掺量可视 VC 值要求在胶凝材料用量的 0.7%～1.2% 范围内适当调整；引气剂 HC-9 的掺量根据现场混凝土含气量变化适当调整。

表 19 碾压混凝土性能测试结果

强度等级及性能要求	VC 值 /s	抗压强度/MPa			劈拉强度/MPa			抗渗等级 90d	抗冻强度 90d	极限拉伸/(10^{-4}) 90d
		28d	90d	180d	28d	90d	180d			
C_{180}10W4F50	5.5	7.8	10.2	—	0.59	0.85	—	W4	F50	0.79
C_{180}15W4F50	4.2	11.7	16.1	22.6	1.02	1.31	1.87	W4	F50	0.90
C_{180}20W8F100	5.3	14.4	20.1	26.6	0.88	1.47	1.91	W8	F100	0.93

4 现场单掺火山灰碾压混凝土配合比优化

根据现场原材料以及现场施工情况对原碾压混凝土配合比进行了复核试验，并在此基础上对配合比中的掺和料掺量和砂率做了相应的调整。从已有的试验结果可以看出，调整后的配合比能够满足设计要求。具体试验结果见表 20。

从上述试验结果可以看出，单掺火山灰碾压混凝土配合比仍然有一定的优化空间。

在混凝土配合比优化试验中还进行了砂率与 VC 值的关系、单位用水量与 VC 值的关系、VC 值经时损失、混凝土极限拉伸与轴拉强度、混凝土干缩及混凝土的热学性能等试验研究。通过试验均满足设计要求。优化后的混凝土配合比已成功应用于弄另电站的碾压混凝土施工中，并在其他工程中进行了推广。

表 20 单掺火山灰碾压混凝土现场优化配合比及试验结果

强度等级	水胶比	减水剂 HC-3 /%	引气剂 HC-9 /%	火山灰掺量 /%	水泥掺量 /kg	砂率 /%	水 /kg	VC 值 /s	抗压强度 /MPa			
									7d	28d	90d	180d
C_{180}10W4F50	0.55	0.8	0.03	70	43	32	80	5.5	—	7.0	10.6	—
C_{180}15W4F50	0.50	0.8	0.03	60	64	32	80	8.6	—	13.0	17.4	—

5 结语

单掺火山灰碾压混凝土配合比在弄另水电站大坝工程中成功浇筑碾压混凝土 29.76 万 m³。从室内配合比试验以及现场取样检测结果来看，单掺火山灰碾压混凝土各项性能指标均能够满足设计及现场施工要求。现场碾压效果良好，能够达到"有泛浆、有弹性、保质量"的目标，压实度合格率达到了 100%。碾压混凝土大坝内部最高温度 32.2℃，对应的自然温度 29.0℃；趋于稳定温度 25.6℃；设计单位提供的坝内极限温度为不大于 34℃；经检查目前大坝碾压混凝土未发现裂缝，各项技术指标均满足设计要求。

单火山灰碾压混凝土配合比试验及应用的成功，与原设计的双掺料相比，简化了碾压混凝土拌和生产工艺、减少了拌和系统的建厂投入、降低了碾压混凝土原材料成本。特别是对滇西南的中、小水电站和怒江流域的水电站建设，可提供新的掺和料选择。该水电站的上一级水电站已采用单掺火山灰碾压混凝土进行施工。因腾冲县火山灰矿产资源丰富，可就地取材、充分利用现有资源，对拉动当地经济建设起到积极作用，社会效益显著。

参考文献

[1] 梁文泉，何真. 天然火山灰在碾压混凝土中的凝结特性 [J]. 硅酸盐建筑制品，1995（4）：11-15.
[2] 毕亚丽，彭乃中，冀培民，等. 掺粉煤灰与天然火山灰碾压混凝土性能对比试验 [J]. 长江科学院院报，2012（6）：74-78.

混凝土面板堆石坝填筑施工质量控制

罗奋强/中国水利水电第三工程局有限公司

【摘　要】　填筑工艺是混凝土面板堆石坝的关键技术。本文以老挝南公河一号水电站为例，论述了混凝土面板堆石坝填筑施工技术及质量控制要点。

【关键词】　混凝土面板堆石坝　堆石坝填筑　施工技术　质量控制

1　混凝土面板堆石坝概述

混凝土面板堆石坝由于其诸多优点，是近些年行业快速发展的坝型。经过碾压的堆石体是混凝土面板坝的支承结构，且具有自身排除混凝土面板渗漏水的特性。因此，大坝结构可充分利用当地材料，具有安全可靠、施工方便、适应性强、经济合理等优势，在水利、水电工程上得到了广泛应用。混凝土面板堆石坝主要包括坝前铺盖、钢筋混凝土面板、过渡区、主次堆石区和块石防护体等。自我国引进该技术以后，不断消化、创新、改进，积累了丰富的经验，并逐步走在了世界前列。

2　混凝土面板堆石坝填筑施工特点

混凝土面板堆石坝填筑的主要方法有抛填法和碾压法，早期以抛填法为主。随着施工技术的提高和重型振动碾的发展和应用，薄层碾压堆石法得到推广。通过该方法可获得更加密实的堆石体，同时由于材料性质和压实方法的不同，其透水性、压缩性和抗剪强度等得到提高，对堆石体的稳定性和防渗体结构变形影响也相应减小。碾压法填筑施工特点如下：

（1）可就地取材，充分利用当地材料，节能环保。

（2）对较复杂地区大坝变形的适应性增强。

（3）断面简单，各个工序间干扰小。

（4）可利用大型设备开展机械化施工，施工效率高。

（5）可根据施工需要在平面上进行分期填筑。

（6）填筑施工灵活性较强，有利于加快施工进度。

（7）填筑施工受气候影响相对较小。

（8）部分工程因度汛要求，度汛工期紧，前期填筑方量大，填筑强度高；个别工程不经面板防渗施工就需度汛，甚至已筑大坝需过水度汛，需采取处理措施。

由于大坝碾压体的受力和渗流的功能属性，对筑坝材料、碾压质量都有专项要求。

3　混凝土面板堆石坝填筑施工技术及质量控制要点

为进一步分析混凝土面板堆石坝的填筑施工技术要点，本文围绕老挝南公一号水电站大坝工程进行分析，明确大坝填筑的施工工序、施工方法和质量控制要点。

3.1　工程概况

南公一号水电站位于老挝南部的阿速坡省内的南公河上，为老挝、越南、柬埔寨三个国家的交界区域，为Ⅱ等大（2）型工程，以发电为主。主坝坝型采用钢筋混凝土面板堆石坝，坝顶高程 325.00m，坝顶总长 409.946m，坝顶宽 8.8m，最大坝高 88.00m。上游边坡坡比 1：1.4，下游边坡坡比 1：1.35，下游分别在 300.00m 和 270.00m 高程各设置一级马道，宽度分别为 3m 和 4m，坝料填筑总量为 184.71 万 m³，主坝最大剖面见图1。

3.2　坝体各分区填筑料源的技术要求

根据设计技术要求并结合现场实际情况，坝体各区填筑料料源均采用溢洪道或石料场流纹岩及塑性好的土料制备，坝料及料源见表1。

坝体各分区填筑料的颗粒级配技术要求见表2。

坝体各分区填筑料填筑施工质量控制标准见表3。

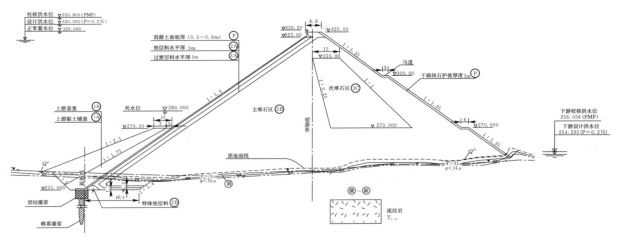

图 1　主坝剖面图

表 1　坝料及料源表

1A	覆盖黏土	黏土料
1B	盖重料	强风化流纹岩
2A	垫层料	溢洪道或石料场弱风化及以下流纹岩，采用砂石系统加工
2B	特殊垫层料	溢洪道或石料场弱风化及以下流纹岩，采用砂石系统加工
3A	过渡层料	溢洪道或石料场弱风化及以下流纹岩级配料
3A′	过渡层料	导流隧洞或引水隧洞弱风化及以下流纹岩级配料
3B	主堆石料	溢洪道或石料场弱风化及以下流纹岩
3C	次堆石料	溢洪道或石料场强风化及以下流纹岩
P	块石料	溢洪道或石料场弱风化及以下流纹岩

表 2　坝体各分区填筑料的颗粒级配技术要求表

1A	覆盖黏土	最大粒径为1mm，小于0.1mm的含量控制在10%～20%之间，塑性指数小于7
1B	盖重料	最大粒径小于层厚
2A	垫层料	最大粒径80mm，粒径不大于5mm含量为32%～55%，粒径小于0.1mm颗粒含量4%～7%，级配连续
2B	特殊垫层料	最大粒径40mm，可采用垫层料筛除大于40mm以上的粒料
3A	过渡层料	最大粒径300mm，粒径小于5mm的颗粒含量小于18%，粒径小于1mm的含量不大于7%，级配满足设计要求
3A′	过渡层料	最大粒径300mm，粒径小于5mm的颗粒含量小于18%，粒径小于1mm的含量不大于7%，级配满足设计要求
3B	主堆石料	最大粒径800mm，粒径小于5mm的颗粒含量不大于20%，小于0.075mm的颗粒含量小于5%
3C	次堆石料	最大粒径800mm，粒径小于5mm的颗粒含量不大于20%，小于0.075mm的颗粒含量小于8%
P	块石料	护坡的厚度不小于1m，块石最大粒径不宜小于800mm

表 3　坝体各分区填筑料填筑施工质量控制标准

序号	类别	2A 垫层料	2B 特殊垫层料	3A 过渡料	3B 主堆石料	3C 次堆石料
1	铺层压实厚度/mm	450	450	450	800	800
2	洒水量体积比/%	10	10	10	10	10
3	最少碾压遍数	8+2	8+2	8+2	8+2	8+2
4	最大粒径/mm	80	40	300	800	800
5	含泥量/%	—	—	—	<5	≤8

续表

序号	类 别	2A	2B	3A	3B	3C
		垫层料	特殊垫层料	过渡料	主堆石料	次堆石料
6	孔隙率/%	<18	<18	<20	≤22	≤23
7	干密度/(g/cm³)	≥2.23	≥2.23	>2.20	≥2.12	≥2.10

3.3 坝体填筑主要施工参数

坝体在填筑施工前,应对各分区坝料进行现场生产性碾压试验,根据碾压试验成果确定大坝填筑的相关施工参数。在坝体填筑施工过程中,根据试验检测成果意见,对各分区料填筑施工参数做进一步调整和优化,坝体各分区料填筑施工参数见表4。

表4　　　　　　　　　　坝体各分区料填筑施工参数表

填筑料名称	碾压设备	施 工 参 数				
		碾压方式	行驶速度/(km/h)	铺厚/cm	遍数	含水量/%
特殊垫层料	18t振动碾	静压	<2.5	45	2	10
		振压			8	
垫层料	18t振动碾	静压	<2.5	45	2	10
		振压			8	
过渡料	32t振动碾	静压	<2.5	45	2	10
		振压			8	
堆石料	32t振动碾	静压	<2.5	90	2	10
		振压			8	

4 大坝填筑施工技术

堆石料、过渡料及垫层料坝体填筑单元施工工序见图2。

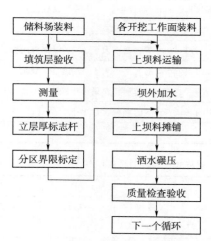

储料场装料　　各开挖工作面装料

填筑层验收　　上坝料运输

测量　　坝外加水

立层厚标志杆　　上坝料摊铺

分区界限标定　　洒水碾压

　　　　质量检查验收

　　　　下一个循环

图2　坝体填筑单元施工工序图

4.1 堆石料施工

堆石料利用自卸车运输,进占法卸料。料堆相对间距0.5~0.6m,利用推土机沿填筑层面推料,利用32t自行式振动碾进行碾压,碾压速度以2.5km/h为宜,碾压方向平行于坝轴线,25cm错距碾压,各碾压分段之间搭接1m。坝体边缘靠近山体位置,采用接坡料接坡,利用自卸车运输,后退法卸料。料堆相对间距1.2m,利用反铲挖掘机铺料,利用18t自行式振动碾进行碾压。

堆石料与接坡料搭接处,采用粒径较小、级配良好过渡料填筑。碾压参数参考堆石料,要求尽量靠近山体,对碾压不到的位置采用液压振动平板夯进行夯实。

4.2 过渡料施工

过渡料区施工前,应做好主堆石料区上游坡面粒径大于30cm的块石清理和破碎,采用自卸车运输,后退法卸料,料堆相对间距0.5m,从一侧开始施工,利用反铲挖掘机铺料,铺料厚度45cm,施工参数与堆石料相同。

4.3 垫层料施工

垫层料施工铺料厚度以45cm为宜,采用自卸车运输,反铲挖掘机加人工铺料,利用18t自行式振动碾进行碾压,局部可采用液压平板震动冲击夯压实。

5 施工质量控制

5.1 填筑料料源质量控制

5.1.1 垫层料

垫层料为半透水垫层，采用非塑性、级配良好的流纹岩人工制备，对堵缝无黏性细料有反滤保护作用，具有低压缩性、高抗剪强度、高渗透稳定性。要求颗粒坚硬、耐久，不含黏土和有机物等杂质。在周边缝下游侧设置特殊垫层区，采用粒径不大于 40mm 且内部结构稳定的细反滤料，采用薄层碾压密实，以尽量减少周边缝的位移，同时对表面黏土起反滤作用。

5.1.2 过渡料

过渡料料源采用溢洪道及隧洞开挖料，由砂石加工系统破碎加工而成。为非塑性、碾压后级配良好的细堆石料，颗粒坚硬和耐久，不含黏土和有机物。过渡料物理指标要求与垫层料相似，即具有低压缩性、高抗剪强度，对垫层料起渗流保护和排水作用。

5.1.3 堆石料

堆石料主要采用溢洪道开挖弱风化及以下的流纹岩。坝体堆石料在溢洪道爆破开采前，先进行生产性爆破试验。根据爆破料筛分级配试验成果配置合适的爆破施工参数后，再正式进行开采作业。在爆破开采过程中，严格按试验确定的施工参数实施，并根据现场岩性地质条件变化情况，实时调整爆破参数，以确保爆破开采料满足级配要求。

堆石坝料挖装过程中，各运输车必须标有料源标识牌，严格按料源分类装车。对超径石采用手风钻钻解爆后装车，不允许有超径块石和块石集中装车等现象。

5.2 填筑质量控制

5.2.1 坝料铺填

堆石坝料主要采用大型推土机进占法铺料，岸坡及搭接界面采用后退法铺料，由反铲配合推土机平料。铺料过程中，在前进方向设置移动层厚标尺，便于推土机操作手控制平料厚度（每个作业面设移动标尺 2～3个），并配专人随时检查铺填厚度、移动标尺；同时采用测量仪器随时检查铺料层厚，并按 20m×20m 的固定网格检测，厚度偏差控制在 1% 以内。出现超厚现象立即采用推土机做减薄处理，以确保铺填层厚的施工质量。垫层及过渡料采用后退法铺料，由液压反铲配合推土机平料，铺料层厚采用测量仪器控制。

5.2.2 堆石坝料加水

堆石坝料在运输至填筑作业面铺填前，需对坝料进行加水。在坝体填筑面上专门设置一台移动加水站，配置专人负责加水。通过流量表控制，加水量应控制在含水率 5%～10% 的要求。并在坝面配置洒水车，根据坝

体填筑作业面布置情况适时调整补充。

5.2.3 坝料碾压

坝料碾压主要采用进退错距法和局部搭接法碾压。错距法碾压时，错距宽度根据不同坝料碾压的遍数确定，搭接法碾压时搭接宽度不小于 20cm。坝料碾压时，振动碾行走路线应尽量平行于坝轴线，行驶速度不大于 2.5km/h。靠岸坡局部采用自行式振动碾碾压不到位的部位，采用人工辅助机械铺料，液压板夯碾压，垫层料和过渡料采用 18t 自行式振动碾碾压。

5.3 特殊部位处理

5.3.1 垫层料基础处理

趾板槽的岩石应平整，不应有高度大于 0.5m，坡度陡于 1∶0.5 的陡坡或反坡，否则应进行修整或采用混凝土进行回填。基础下面的软弱夹层和有缺陷部位应进行挖除和处理，采用与垫层料相同施工参数的级配料覆盖碾压密实。

5.3.2 堆石坝体临时边坡的处理

堆石坝体临时断面边坡采用台阶收坡法施工。随着填筑层的上升，形成台阶状，台阶宽度不应小于 1.5m，平均坡度不小于 1∶1.5。后续填筑面施工上升时，每层应采用液压反铲清挖相应填筑层台阶的松散料，并散开与该填筑层同时铺料、碾压。搭接处加强碾压不少于 2遍，保证交接面接缝处的碾压质量。

6 数字大坝监控系统

南公一号水电站堆石坝填筑施工采用数字大坝监控系统技术，利用该技术可以对坝体各区每一作业面上的上料、碾压和碾压设备的碾压击振力情况等进行监控，以对填筑施工过程进行实时监测和反馈控制，以确保施工质量。

6.1 车载 GPS 监控

在上坝的车辆上安装车载北斗装置，通过车载 GPS 发送车辆状态信息，可实时监控施工车辆的运输情况。该系统可以实现以下功能：①料场料源匹配动态监测及报警；②各分区不同来源的各种性质料源的上坝强度统计；③道路行车密度统计；④车辆空满载监视。通过数字化大坝监控系统，可随时监测到每一单元填筑上料的质量情况，一旦出现混料即坝料运输车辆出现卸料区域错误，通过报警信息，立即对错卸料区域的坝料挖除，确保填筑坝料的质量。

6.2 碾压质量 GPS 监控

碾压设备都安装高精度 GPS 移动终端，通过信息传送，可实现现场分控站对碾压设备施工过程实时监控。该系统可以实现以下功能：①实时监控碾压轨迹和

行走速度，当行走速度超标时，可通过监控终端及手机 PDA 短信自动报警；②监测碾压遍数，在每一单元碾压结束后计算碾压遍数，当碾压遍数不达标时，可通过监控终端及手机 PDA 短信自动报警，及时补碾；③监测压实厚度，推算沉降率；④提供大坝施工质量过程控制的手段，实现填筑质量"双控制"。通过数字大坝监控系统，可随时监测到每一填筑单元振动碾运行的状态和碾压区域的情况，一旦出现振动碾运行错误或碾压区域漏碾等现象，通过报警信息，现场质检员立即督促操作手纠正错误，确保每一单元的碾压质量。

7 坝体碾压向混凝土面板施工交面

混凝土面板施工前，坝体沉降期控制与大坝的施工质量、筑料特性、大坝高低和预留的大坝自然沉降期有关，规范规定的沉降期宜是 3～6 个月，也有按面板顶部处坝体沉降速率 3～5mm/月控制，关键是观测坝顶沉降曲线是否基本收敛。

8 结语

综上所述，混凝土面板堆石坝施工关键在于原材料的选择制作和碾压填筑质量控制。为切实保证坝体的填筑质量，必须按照相关规程、规范及设计要求，对每一个施工环节进行严格的全面过程管控，落实现场取样试验和测量复核工作，严格控制坝体填筑质量，为整个大坝的安全稳定运行奠定坚实的基础。并通过数字化大坝监控系统对上坝料运输和填筑碾压质量实时监控，对坝料选择、填筑、坝料碾压和向面板施工交面等施工过程中存在的质量问题做到及时报警、及时纠正，实现填筑质量"双控制"目标，提高施工质量的保证率，加快施工进度。

桥梁钻孔灌注桩施工技术和质量控制措施

刘福友　赵　亚/中国水利水电第七工程局有限公司

【摘　要】　桩基础是桥梁下部结构的重要组成部分，它将作用于桩顶面以上结构传来的荷载传到地基持力层。钻孔灌注桩适用于黏性土、砂土、砾卵石、碎石、岩石等各类地层，故在桥梁工程中应用广泛。钻孔的直径、深度和孔形直接关系到成桩质量。桥梁钻孔桩的施工过程中，合理的施工工艺并采取严格的质量控制措施，是桥梁钻孔灌注桩施工质量的保障。

【关键词】　桥梁工程　钻孔灌注桩　施工技术

1　引言

桥梁是一种十分重要的基础交通设施，桥梁建设水平和施工质量对于交通运输事业的发展具有重要的意义和价值。桥梁钻孔灌注桩桩长可根据持力土层的起伏面变化，并按使用期间可能出现的最不利内力组合配置钢筋，钢筋用量较少，便利施工，故应用较为普遍。桥梁钻孔灌注桩施工的主要工序有：埋设护筒、制备泥浆、钻孔、清底、钢筋笼制作与吊装以及灌注水下混凝土等。而钻孔的直径、深度和孔形质量直接关系到成桩质量，是钻孔灌注桩成败的关键。因此，强化桥梁钻孔灌注桩施工质量的控制显得尤为重要，它能确保桥梁建设稳定健康地发展。

2　问题的提出

桥梁钻孔灌注桩施工技术是在地基上直接钻孔，然后向孔内放置钢筋和灌注混凝土，形成桩体。钻孔灌注桩能够提高地基的承载力，且施工中不受外界环境的影响，对于一些常见的气温地理环境因素等，都不会对它的稳定性产生影响；钻孔灌注桩具有较高的安全性，施工简单快捷。桥梁钻孔灌注桩的施工，因其所选护壁形式的不同，有泥浆护壁施工法和全套管施工法两种。

冲击钻孔、冲抓钻孔和回转钻削成孔等均可采用泥浆护壁施工法。泥浆护壁施工法的工艺流程是：平整场地→泥浆制备→埋设护筒→铺设工作平台→安装钻机并定位→钻进成孔→清孔并检查成孔质量→下设钢筋笼→灌注水下混凝土→拔出护筒→检查质量。

全套管施工法的工艺流程是：平整场地→铺设工作平台→安装钻机→压套管→钻进成孔→安放钢筋笼→下设导管→浇注混凝土→拔出套管→检查成桩质量。全套管施工法的主要施工步骤除不需泥浆及清孔外，其他工序与泥浆护壁施工法类同。压入套管的垂直度，取决于挖掘开始阶段的 5～6m 深时的垂直度。因此应该随时用水准仪及铅垂校核其垂直度。

成桩后经物探检查，桩身局部无混凝土、存在泥夹层或截面断裂即为断桩。这是最严重的成桩缺陷，将直接影响基础结构的承载力。掌握好钻孔灌注桩的施工技术，加强工序质量控制是确保桥梁钻孔灌注桩各工序质量满足要求的根本，更能有效防治钻孔灌注桩的断桩。

3　桥梁钻孔灌注桩的主要施工技术

3.1　合理选择钻孔机具

桥梁钻孔灌注桩的钻进通常采用的钻机有：螺旋钻、正循环回转钻机、反循环回转钻机、潜水钻机、冲抓钻机、冲击钻机、旋挖钻机。

冲击钻机的工作原理是利用主副卷扬机带动有一定

重量的冲击钻头，使拥有一定重量的冲击钻头提升到相应的高度，让其自然下落，利用自重加上自由落体的冲击动能对地层进行冲击。桩孔中的钻渣一部分被挤入孔壁中，一部分被泥浆悬浮，再用泥浆泵以循环排渣的方式将岩屑排出孔外。冲击钻的成孔垂直度较好；冲击力较大，容易塌孔，充盈系数偏大，冲击振动声音较大；动力功率大，耗电量高，钢丝绳消耗大；成孔速度慢，效率偏低。

正循环回旋钻机的工作原理是利用钻具旋转切削土体钻进，钻渣与泥浆一起从护筒顶部排浆孔排至沉淀池，在沉淀池后泥浆进入泥浆池循环使用。施工无噪声，无振动，无挤压；机具设备简单，操作方便，费用较低。但成孔速度慢，效率低，用水量大，泥浆排放量大，污染环境，扩孔率较难控制，施工占地较多。

反循环回旋钻机的工作原理是利用钻具旋转切削土体钻进，泥浆输入钻孔内，钻渣与泥浆从钻头钻杆下口吸进，通过钻杆排至沉淀池内，钻进与排渣效率较高。但接长钻杆时拆卸麻烦，钻渣容易堵塞管路；需用较高质量的泥浆。

旋挖钻机的工作原理是采用筒式钻斗钻进，钻机就位后，调整钻杆垂直度，注入配制好的泥浆，再钻孔。当钻头下降到预定深度后，旋转钻头并施加压力，将土挤入钻斗内，仪表自动显示筒满时，钻斗底部关闭，提升钻斗将土卸于堆放地点。通过钻斗的旋转、切削、提升、卸土和泥浆护壁，反复循环直至成孔。该钻机成孔速度快，质量高。旋挖钻机为全液压驱动，电脑控制，能精确定位钻孔、自动校正钻孔垂直度和自动量测钻孔深度，最大限度地保证钻孔质量。伸缩杆不仅钻进传递回转力矩和轴向压力，且能利用本身的伸缩性实现钻头的快速升降，快速卸土，以缩短钻孔辅助作业的时间，提高钻孔效率。环保特点突出，施工现场干净。履带底板承载，接地压力小，适用各种工况，在施工场地内行走移位方便，机动灵活。自带柴油动力，缓解施工现场电力不足的矛盾，并排除了动力电缆造成的安全隐患。旋挖钻机配合不同钻具，适用于干式（短螺旋）或湿式（回转斗）及岩层（岩芯钻）的成孔作业，还可配挂长螺旋钻、地下连续墙抓斗、振动桩锤等，实现多种工法的施工。

钻孔施工应根据地质情况、设计桩长、桩径以及施工条件选择钻机类型，同时应兼顾施工工期、经济成本等因素。旋挖钻机在国内仍有很大的市场。

3.2 合理选取清孔方式

清孔有抽浆法、换浆法、掏渣法、喷射清孔法以及用砂浆置换钻渣清孔法等。合理的清孔方法，应根据设计要求、钻孔方法、机具设备和土质条件决定。其中抽浆法清孔较为彻底，适用于各种钻孔方法的灌注桩。对孔壁易坍塌的钻孔，清孔时操作要细心，防止塌孔。

摩擦桩，孔底沉渣的厚度，对中、小型桥梁不得大于 $(0.4\sim0.6)d$（d 为桩的直径），大型桥梁按设计文件规定控制沉渣。清孔后的泥浆性能指标，含砂率为 $4\%\sim8\%$，相对密度为 $1.10\sim1.25$，黏度为 $18\sim20s$。对支承桩，宜用抽浆法清孔，并清理至吸泥管出清水为止。灌注混凝土前，孔底沉淀土厚度不得大于 50mm。若孔壁易坍塌，必须在泥浆中灌注混凝土时，建议采用砂浆置换钻渣清孔法，清孔后的泥浆含砂率不大于 4%。其他泥浆性能指标同摩擦桩要求。对于沉渣厚度的测量，用冲击、冲抓锤时，沉渣厚度从锥头或抓锥底部所达到的孔底平面算起。沉渣厚度测量方法可在清孔后用取样盒（开口铁盒）吊到孔底，待到灌注混凝土前取出，直接量测沉淀在盒内的沉渣厚度。

4 质量控制措施

4.1 加强钻孔质量检查与防止钻孔偏斜

钻孔过程中应严谨操作、密切观测监督，在钻孔达到设计要求深度后应采用适当器具对孔深、孔径、孔形等认真检查，确保成孔质量符合设计要求。一般的成孔缺陷主要为钻孔偏斜、塌孔、缩径等。

4.1.1 桥梁钻孔灌注桩产生钻孔偏斜的主要原因

（1）钻头受到侧向力，在扩孔处钻头摆向一方。

（2）钻杆弯曲、接头不正。

（3）钻机底座未安置水平或位移。

4.1.2 钻孔偏斜的预防措施

（1）确保施工场地平整，钻机安装平稳，机架垂直，并注意在成孔过程中定时检查和校正。

（2）钻头、钻杆接头逐个检查调正，不能使用弯曲的钻具。

（3）在坚硬土层中不强行加压，应吊住钻杆，控制钻进速度，低速进尺。

（4）对地下障碍要预先处理干净。

（5）钻孔产生偏斜后，施工人员一般可在偏斜处吊住钻头上下反复扫孔，使钻孔正直。

（6）偏斜严重时应在偏斜处回填砂黏土，待回填物密实后再钻进。

4.2 防止钻孔中塌孔

4.2.1 钻孔灌注桩在钻孔过程中或在成孔后都有可能发生塌孔主要原因

（1）泥浆相对密度过小，水头对孔壁的压力较小，护壁效果差，出现漏水。

（2）护筒埋置较浅，周围封堵不密实出现漏水，或护筒底部土层厚度不足，护筒底部出现漏水，造成泥浆水头高度不足，对孔壁压力小。孔内水流失造成水头高度不够。

（3）在松软砂层中进尺过快，泥浆还未起到护壁作用，孔壁就渗水。

（4）钻进时中途停钻时间较长，孔内水头未能保持在孔外水位或地下水位线以上 2m，降低了水头对孔壁的压力。清孔后未能及时灌注混凝土，放置时间过长。

（5）提升钻头或吊放钢筋笼时碰撞孔壁。

（6）钻孔附近有大型设备或车辆振动。

4.2.2 塌孔的预防措施

（1）根据不同地层，控制好护壁泥浆的指标。

（2）在回填土、松软层及流沙层钻进时，严格控制速度。

（3）地下水位过高，应升高护筒，加大水头。

（4）地下障碍物处理时，一定要将残留的混凝土块清除。

（5）塌孔不深时，可改为深埋护筒，护筒周围夯实，重新开钻。

（6）轻微塌孔可增大泥浆比重，提高泥浆水头，增大水头压力。严重坍塌应探明坍塌位置，用沙和黏土混合回填，或掺入不小于 5%水泥砂浆的黏土填至坍塌孔段以上 1～2m 处，捣实后重新钻进。

4.3 防止钻孔缩径

4.3.1 钻孔灌注桩钻孔产生缩径的主要原因

（1）地质构造中的软弱层，在土压力下向孔内挤压形成缩孔。地层中塑性土层遇水膨胀形成缩孔。

（2）钻锤磨损，补焊不及时，钻出的孔径往往比设计桩径小。

4.3.2 缩径的预防措施

（1）选用带保径装置钻头，钻头直径满足成孔直径要求，并经常检查，及时修补。

（2）易缩径孔段钻进时，可适当提高泥浆的黏度。易缩径部位可采用上下反复扫孔的方法扩大孔。

4.4 采取预防措施避免施工中的问题

（1）控制浇筑速度，预防钢筋笼上浮。桥梁钻孔灌注桩在浇筑混凝土时，可能存在混凝土进入钢筋笼底部，因浇筑速度太快，钢筋笼未采取固定措施等，使钢筋笼上浮。

当混凝土上升接近钢筋笼下端时，放慢浇筑速度，减小混凝土面上升的动能作用，以免钢筋笼被顶托上浮。当钢筋笼被埋入混凝土中一定深度时，再提升导管，减少导管埋入深度，使导管下端高出钢筋笼下端有相当距离时，再按正常速度浇筑。此外，浇筑混凝土前，应将钢筋笼固定在孔位护筒上，也可防止上浮。

如果是悬挂式钢筋笼，要特别注意吊环、吊钩的强度及牢固性。钢筋笼吊放时要保持轴线顺直，位置居中，严禁碰撞孔壁，以免产生坍孔。钢筋笼安放到位后应立即安设导管。

（2）精确进行首灌计算和提管速度的控制，预防断桩。桥梁钻孔灌注桩混凝土浇筑的首灌计算规定，导管底口距孔底距离应不小于 0.4m，使混凝土能从此间隙中流出，导管底口埋入混凝土深度为 1m。首灌计算公式为

$$V \geqslant \pi h_1 d^2/4 + \pi h_c D^2/4$$

式中 V——混凝土初灌量；

d——导管直径；

D——钻孔直径；

h_1——导管内混凝土柱的高度，$h_1 = r_w(h-1.4)/r_c$，h 为设计桩长。h_c 取 1.4m；r_w 为桩孔内泥浆重度，取 11kN/m³；r_c 为混凝土重度，取 24kN/m³。

首灌混凝土量必须满足导管埋深不能小于 1.5m，所以漏斗和储料斗及漏斗和输送泵的混凝土储存量要充足。根据导管内混凝土压力与管外水压力平衡的原则，导管内混凝土必须保持的最小高度 $h_1 = r_w h_w/r_c$（h_w 为首灌浇筑后桩内混凝土顶面距桩顶面的高差），而管中混凝土的体积应为 $\pi h_1 d^2/4$（d 为导管直径）。

首灌混凝土若埋深不足，混凝土灌注后不能将导管底口封住，会导致孔内泥浆从导管底口进入。如果出现这种情况，立即将导管提出，并将散落在孔底的混凝土拌和物用空气吸泥机或抓斗清出，然后重新下设导管灌注混凝土。首灌混凝土正常后，混凝土浇筑必须连续进行，不得中断。在灌注过程中，应经常用测锤探测混凝土面的上升高度，并适时提升、逐级拆卸导管，保持导管的合理埋深。此时要注意观察孔口是否返出泥浆，混凝土灌到孔口不再返出泥浆时稍微向上提动导管，如果要提升导管 0.5～1.0m 以上才能灌入混凝土就应拆除部分导管。

钻孔桩水下混凝土灌注施工，应注意正确控制导管埋深，不得发生因导管埋入混凝土过深，使得导管与混凝土间摩擦阻力过大而无法拔出的事故。提管过程要缓缓上提，过猛提管易使导管被拉断。

（3）提前制定断桩防治措施，确保成桩质量。关键设备（混凝土搅拌设备、发电机、运输车辆）要有备用，材料（砂、石、水泥等）要准备充足，以保证混凝土能连续供应和连续灌注。

混凝土要求和易性好，坍落度控制在 18～22cm。对混凝土数量大、浇筑时间长的大直径长桩，混凝土配合比中宜掺加缓凝剂，以防止先期灌注的混凝土初凝，堵塞导管。

在钢筋笼制作时，一般要采用对焊，以保证焊口平顺。当采用搭接焊时，要保证焊缝不要在钢筋笼内形成错台，以防钢筋笼卡住导管。

导管的直径应根据桩径和石料的最大粒径确定，尽量采用大直径导管。每节导管要组装编号，导管安装完

毕后进行复核和检验。使用前，要对导管进行密封检查和抗拉力试验，以防导管渗漏。

认真测量和计算孔深与导管长度，下设导管时，其底口距孔底的距离控制在 25～40cm 之间（注意导管口不能埋入沉淀的回淤泥渣中），同时要能保证首批混凝土灌注后能埋住导管至少 1m。在随后的灌注过程中，导管埋深一般控制在 2～6m 范围内。

在提拔导管时，通过测量混凝土的灌注深度及已拆下导管的长度，计算起拔导管的长度，严禁不经测量和计算而盲目提拔导管。

混凝土堵塞导管时，可采用拔插抖动导管（不可将导管底口拔出混凝土面），当所堵塞的导管长度较短时，可用型钢插入导管内来疏通，也可在导管上固定附着式振捣器进行振动疏通导管内的混凝土。

当钢筋笼卡住导管时，可设法转动导管，使之脱离钢筋笼。

5　结语

桥梁钻孔灌注桩施工质量，需现场技术人员认真检查，严格管理。施工人员要有良好的质量意识和业务技能。要根据现场情况，对施工中出现的问题及时果断地处理，不断提高钻孔桩施工水平，减少桩基因灌注水下混凝土而造成质量隐患和损失。

桥梁钻孔灌注桩施工质量的提高，不仅要在设计上提出科学合理的方案，还必须在混凝土灌注时分工明确，密切配合，统一指挥，快速、连续施工。一气呵成、快速灌注成功的桩往往质量比较好，而灌灌停停的桩则容易出现质量问题。

槽孔型防渗墙平行钻进成槽施工技术

李东福/中国水利水电第七工程局有限公司

【摘 要】 本文全面阐述了槽孔型防渗墙平行钻进成槽施工技术的适用范围、技术原理、技术特点、工艺流程、操作要点及效益分析，为广大工程技术人员及施工人员在槽孔型防渗墙成槽施工方面提供了实用的参考。

【关键词】 槽孔型 防渗墙 施工技术

1 前言

随着我国经济的迅速发展，水利、公路、铁路等基础设施建设的不断推进，基础处理施工技术也有了新的提高，防渗墙施工技术在地基防渗处理中得到更广泛的应用。尽管防渗墙施工在我国水电工程实践中取得了一系列的成果，但防渗墙与地质环境的相关理论、成槽工艺等的研究仍显不足，在很大程度上制约了防渗墙施工技术的发展。

近年来水利水电工程项目的工期越来越紧，施工强度越来越高，地基处理的地层越来越复杂，对防渗的要求会越来越高，对传统的防渗墙成槽工艺的改进已迫在眉睫。

河床取砂采空区、大江截流龙口段、山区河流上游围堰边坡开挖爆破堆积区、超过3m厚的砂层和淤泥层、全高堆填式填筑区等地层或部位属于松散结构，在这样的地层或部位施工防渗墙时，往往会产生强漏失情况。为了解决防渗墙成槽难题，经实践研究总结的槽孔型防渗墙平行钻进成槽施工技术，可最大限度地发挥钻具对地层的挤密加固作用，解决松散结构中的槽段稳定问题。该施工工艺，具有适用性强、操作性强、施工效率高等特点。

2 技术工艺原理

槽孔型防渗墙"平行钻进法"成槽施工工艺原理是：防渗墙按设计轴线，根据施工分序划分为多个槽段单元，每一个槽段单元内又按钻孔分序划分为主孔（先期施工的槽孔）、副孔（两个主孔之间的槽孔），小墙（主孔与副孔之间的残留）。在成槽施工时，先钻进主孔后钻进副孔，最后钻进小墙。在主孔较副孔深5~10m

时，开始向主孔内回填黏土，然后钻副孔和小墙，在副孔钻至主孔深度差2m时，又开始钻主孔，如此循环至槽段成槽完成。

3 技术特点

（1）在钻进过程中，利用孔内回填黏土包裹钻渣，充分挤压填充至架空强漏失通道中，最大限度地发挥了钻具对地层的挤密加固作用，可以较好地解决松散地层和强漏失地层的槽段稳定问题。

（2）槽内回填黏土具有孔内造浆功能，能很好地起到护壁的作用，大大减少了泥浆制备系统的投入，有效降低施工成本。

（3）适用于各种地层中防渗墙成槽施工，尤其适用于河床取砂采空区、大江截流龙口段、山区河流上游围堰边坡开挖爆破堆积区、超过3m厚的砂层和淤泥层、全高堆填式填筑区等强漏失特殊地层。

（4）工序简单易操作，适应性强、操作性强、施工效率高。

4 施工工艺流程

槽孔型防渗墙平行钻进成槽施工工艺流程见图1。

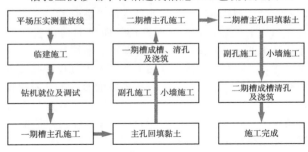

图1 槽孔型防渗墙平行钻进成槽施工工艺流程图

5 作业要点

5.1 平场压实和测量放线

根据设计要求,对防渗墙施工平台场地整平、碾压密实。根据基础防渗墙的设计,在作业面采用全站仪放样,控制点做标记,并沿点放出导向槽开挖线。

5.2 临建施工

导向槽设计高度 2m,以连续两个桩的中心连线为轴线进行土方开挖。导墙必须满足下列技术要求:

(1) 导墙应平行于防渗墙中心线,其允许偏差为 ±1.5cm。

(2) 导墙顶面高程(整体)允许偏差为 ±2cm。

(3) 导墙顶面高程(单幅)允许偏差为 ±0.5cm。

(4) 导墙间净距允许偏差为 ±0.5cm。

(5) 导墙内墙垂直度允许偏差不大于 0.2%。

5.3 钻机就位和调试

钻机施工平台、轨道铺设完善后,采用汽车吊吊钻机就位,并通电空载调试。

5.4 造孔

当导向槽完成后,由工程技术人员按照槽段划分图纸进行槽段划分布孔。结合防渗墙平行钻进法工艺流程图,以 1 个 5 孔段槽(3 主孔 2 副孔)为例,其造孔的步骤如下:

(1) 槽段施工顺序。先施工 I 期槽,再施工 II 期槽。

(2) 钻孔准备。包括测量并放出防渗墙轴线,防渗墙施工平台构建,修建导向槽及排污设施,铺设轨道,钻机准备,划分槽段及钻孔标记 1 号、2 号、3 号、4 号、5 号定位(奇数孔为主孔,偶数孔为副孔)。

(3) 平行钻进。将标记定位的钻孔分为相互间隔的主孔和副孔,主孔与副孔之间留有间隔小墙。采用钢丝绳冲击钻机及配套的十字钻头或空心钻头进行钻进。先钻进主孔,当主孔较副孔深 10m 时,向主孔内回填黏土,然后进行副孔钻进施工,当副孔孔深与小墙高差为 3~5m 时,副孔继续钻进,小墙随即跟进施工。

(4) 主孔钻孔方法。开孔前,向导向槽内投放黏土,黏土低于导向槽顶面 0.5m 即可。利用钻头循环冲击钻进,并在孔内制浆。在钻头循环冲击过程中孔壁得以挤压密实,使孔壁稳定。若孔内浆液面低于导向槽顶面 1m 时,向孔内补充浆液。当钻头磨损大或进尺缓慢等情况下,采用抽筒或其他清渣方法进行孔内清渣处理。如此循环钻进至终孔深度。

(5) 副孔钻孔方法。开孔前,向导向槽内投放黏土,黏土低于导向槽顶面 0.5m 即可。利用钻头循环冲击钻进,并在孔内制浆。在钻头循环冲击过程中回填黏土将副孔内的部分钻渣包裹在一起,对漏浆通道等裂隙进行挤压填充,孔壁挤压密实,而加强其稳定性。当钻头磨损大或进尺缓慢等情况下,采用抽筒或其他清渣方法进行孔内清渣处理。如此循环钻至终孔深度。

(6) 小墙钻孔方法。当副孔施工至一定深度后,小墙施工开始随之跟进。在钻头循环冲击钻进过程中,利用主孔内回填的黏土将小墙的钻渣包裹在一起,并对孔壁挤密增强其稳定性。当钻头磨损大或进尺缓慢情况下,采用抽筒或其他清渣方法进行孔内清渣处理。如此循环钻至终孔深度。

(7) 终孔。按照平行钻进方式,主孔先钻进至终孔,副孔随后钻进至终孔,小墙随即跟进钻至终孔,最后槽段成槽。

5.5 槽段清孔

清孔采用气举反循环法,根据单元槽段内各孔孔深不同,清孔次序为先浅后深。并用刷壁器和钢丝钻头清除已浇墙段接头处的凝胶物和泥皮。槽段清孔后泥浆性能及淤积等指标满足规范、设计要求。

5.6 槽段混凝土浇筑

混凝土浇筑使用直径 250mm 的导管。浇筑导管下设根据工程实际情况选用合适的设备,导管间距需满足设计、规范要求。混凝土浇筑的其他要求与桩的混凝土浇筑相同。

5.7 完工清场

防渗墙施工完成后,按照有关要求做到工完场地清。

6 施工设备及人员配置

槽孔型防渗墙平行钻进施工的主要设备是成槽设备,包括冲击式钻机、起重吊车、空压气、泥浆净化筛分系统、混凝土运输罐车等设备。辅助设施包括通信系统、照明系统、监测系统等。其他工具、设备和材料还包括排污设备、浇筑导管、割焊设备、浇筑工具、搬运工具、膨润土泥浆、黏土等。

劳动力组合根据工程规模,施工工期、投入冲击钻机的数量等要素综合确定,配置的人员包括管理人员、技术人员、临建施工人员、冲击钻机操作手、其他辅助人员(现场文明施工,混凝土浇筑)等。

7 结语

基于国内先进的"纯抓法"、传统的"钻抓法"成槽工艺理论和施工方法，研究总结了具有一次性防渗墙钻进成槽优点的施工方法，即防渗墙"平行钻进法"，并在生产实践中得到了应用和验证。该法简化了施工工序，操作简单、施工成本低，可实现快速施工，尤其适用于松散地层、破碎带强漏失地层及孤石、漂石架空地层的防渗墙工程施工。取得的主要成效如下：

（1）解决了在回填砂卵砾石和破碎带（岩溶角砾岩）地层中防渗墙成槽难度大、施工强度大、施工效率低、地质条件复杂的施工难题。"平行钻进法"尤其适用于松散地层、破碎带强漏失地层及孤石、漂石架空地层的防渗墙工程。

（2）在回填砂卵砾石层和破碎带（岩溶角砾岩）地层中采用"钻抓法""钻劈法"成槽试验得出，正常施工功效为 $1.9 \sim 2.1 m^2/(台 \cdot d)$，扩孔系数大于等于 1.2。"平行钻进法"比传统的"钻劈法""钻抓法"成槽提高一倍的功效，即功效为 $4.2 m^2/(台 \cdot d)$，扩孔系数降低至 1.1 或小于 1.1。其经济和社会效益显著，可为类似工程防渗墙施工提供有益借鉴。

参考文献

［1］ 张伯夷，李东福. 浅谈特殊地质条件下防渗墙成槽施工技术 ［J］. 四川水利，2018，39（5）：80-83.

［2］ 张伯夷，李东福，杜原谅. 高寒高海拔地区巨孤漂石地层防渗墙成槽工艺研究及应用 ［J］. 施工技术，2017，46（S2）：342-344.

［3］ 张伯夷，李清平. 毛尔盖水电站超厚型混凝土防渗墙施工 ［J］. 四川水利，2015，36（5）：42-43，51.

［4］ 李东福. 浅谈桐子林水电站二期围堰混凝土防渗墙质量管控 ［J］. 水利水电施工，2016（2）：68-70.

［5］ 李东福，朱苟. 浅谈声波CT在围堰防渗墙体系质量检测中的应用 ［J］. 科技视界，2017（28）：127，152.

［6］ 杨光忠. 藏区巨孤漂石地层土石围堰防渗体系监理控制 ［J］. 水利规划与设计，2018（10）：174-178.

［7］ 杨白军. 复杂地层混凝土防渗墙施工技术研究 ［J］. 内蒙古水利，2016（6）：33.

［8］ 成体海. 安谷水电站防渗墙成槽工艺探讨 ［J］. 四川水利，2014，35（4）：14-17.

［9］ 黄祥平，周昌茂，何英，等. 循环钻进成槽法在围堰防渗墙施工中的应用 ［J］. 人民长江，2014，45（4）：60-62，65.

［10］ 高钟璞. 大坝基础防渗墙 ［M］. 北京：中国电力出版社，2000.

［11］ 中华人民共和国国家发展和改革委员会. 水电水利工程混凝土防渗墙施工规范：DL/T 5199—2004 ［S］. 北京：中国电力出版社，2005.

长江灰岩区复杂地质条件灌注型嵌岩桩施工技术研究

刘浩辉　雒焕斌/中国电建市政建设集团有限公司

【摘　要】 池州长久灰岩矿码头一期工程位于长江右岸，共计7个泊位，设计结构型式为高桩码头，桩基为灌注型嵌岩桩。其中6号、7号泊位桩基岩性为灰岩，溶岩发育，江底覆盖层浅，部分区域为裸岩。该区域是江豚保护区，环保要求高，工况条件复杂，故根据现场实际情况制定科学合理的施工方案是确保灌注型嵌岩桩成型的关键。

【关键词】 嵌岩桩　覆盖层　高桩码头

池州长久灰岩矿码头桩基设计为 $\phi1500$ 钻孔混凝土灌注桩，外设 $\phi1600$（$\delta16$）永久钢管桩。灰岩区桩基施工需嵌岩，嵌入深度不小于3m。

1　水文地质

根据地勘钻孔资料，码头6号泊位江底覆盖层薄，覆盖层厚度为1~2m，表层为含角砾粉质黏土，下层为中风化石灰岩。7号泊位均为裸岩区，表层为全风化石灰岩，下层为中风化石灰岩。钻孔剖面图（图1）显示，江底岩面线岸侧至江侧及长江上下游方向均呈现起伏状。

根据岩芯柱样本及柱状图可知，中风化石灰岩呈青灰色，岩芯呈柱状、长柱状，裂隙发育。灰岩强度高，经抗压强度试验检测，中风化石灰岩抗压强度为56.4~73.3MPa。

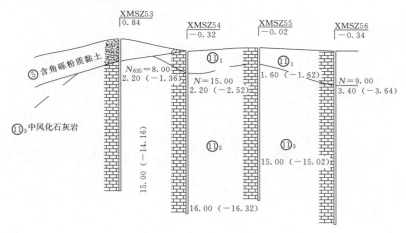

图1　超前地勘钻孔剖面图

2　灌注型嵌岩桩施工的不利工况条件

灌注型嵌岩桩施工的不利工况条件主要有以下几点：

（1）单根钢管无法自稳。由于江底覆盖层薄，江底覆盖层仅有1~2m，且部分区域江底为裸岩，采用打桩船施打钢管护筒时，单根钢管桩无法自稳。

（2）施工区域位于江豚保护区。6号、7号泊位所在区域属于长江江豚保护区，是长江江豚回游栖息繁衍地之一，施工时必须对江豚自然栖息环境进行保护。由于江底覆盖层薄，部分区域为裸岩，无覆盖层，经计算，φ1600 钢管在该水域环境下，稳桩层至少需 5m 以上才能自稳。但施工区域地处长江江豚保护区，不能采用抛填稳桩层方法实现稳桩。

（3）溶洞发育多且不规则。根据地勘资料揭露，灰岩区溶洞发育较多，溶洞发育不规则。桩基遇溶洞需穿透溶洞，要深入溶洞底部完整岩石层不少于 5m。

（4）江底岩面起伏不规则。岩面不规则在沉桩时容易造成桩基偏位等问题，钢护筒沉放时，接触倾斜岩面，由于桩尖受力不均会产生滑移、造成桩基倾斜等问题。

3 方案比选及其优化

目前长江上的高桩码头桩基施工方案主要有两种：第一种是采用常规的固定平台，一般是将 φ400 钢管立柱按设计好的间排距打入江底持力层，露出水面部分用钢连撑焊接固定，确保其整体稳定，上面再铺设钢板，形成固定钢管支架平台，实现陆地化作业；第二种是采用两艘趸船作为浮力片体，趸船之间用钢管、型钢及钢板焊接连接，形成浮平台，桩基施工在浮平台上完成。

通过分析 6 号、7 号泊位的特殊工况条件和工期要求，单纯采用常规的浮平台和固定平台方案都不能按期完成桩基施工。因此，需要结合两种方案的优点，制定一个复合方案才能解决 6 号、7 号泊位的嵌岩桩施工。

3.1 浮平台的优缺点

3.1.1 浮平台施工的优点

（1）可在水中独立开辟施工区域，施工灵活。

（2）能有效解决江底覆盖层薄及裸岩区钢管无法自稳的问题，也不必抛填稳桩层，可有效地保护江豚栖息繁衍的水下自然环境。

3.1.2 浮平台施工的缺点

（1）浮平台受水位影响较大。岩层灰岩强度高，灰岩区溶洞多，部分大溶洞处理难度大，施工周期长，钻孔施工效率低。但由于长江水位上涨快，浮平台随水位上涨逐渐升高，未完成钻孔灌注桩施工的钢护筒存在被江水淹没的风险。为了避免出现江水淹没影响施工质量及施工安全的问题，需多次接高钢护筒，大大增加了焊接工程量。同时浮平台范围内桩基施工完成后，需要根据浮平台主梁标高进行割桩，然后浮平台移位。浮平台施工相对固定平台施工，大大增加了接桩、割桩等工作量。经测算，单纯采用浮平台方案无法在汛期来临之前完成 6 号、7 号泊位的嵌岩桩施工。

（2）浮平台属于水上独立平台，所有施工材料包括钢筋笼、混凝土、块石、黏土等均需要通过船只运输至浮平台施工作业面，交通运输费用成本增大。

3.2 常规固定平台的优缺点

3.2.1 常规固定平台的优点

（1）常规固定平台可以用普通钢管和型钢在桩基施工范围内形成一个临时便桥式的钢架平台，水下灌注桩施工时，钻机可以直接放置在钢平台上，操作简单，施工安全。

（2）采用常规固定钢平台，运输混凝土、钢筋等材料方便快捷。

3.2.2 常规固定平台的缺点

（1）常规固定平台需要大量的钢管及型钢，造价高，平台搭设周期长。

（2）常规固定平台搭设时，水下需要一定厚度的覆盖层，否则钢管立柱在施打时无法自稳。

3.3 浮平台结合固定平台的施工方案

通过比选分析常规固定平台和浮平台的优缺点，结合池州码头 6 号、7 号泊位的实际工况条件，在方案设计时，吸收了两者的优点，从而形成了浮平台结合固定平台的复合方案。具体方案如下。

首先设计一组常规浮平台。浮平台采用 2 艘 44.2m 趸船作为浮力片体，2 条趸船船头朝上游，平行于岸堤布置。2 条趸船之间采用 7 根 φ1600×16mm 钢管作为主梁，每根主梁下设置 4 个支撑点（每艘船 2 个支撑点），5 根主梁于每个支撑点位置设置垂直于主梁的纵向连接构件，使其连接成一个整体。主梁上方铺设 25 号槽钢作为平台，平台上为作业区域。平台可以设置桩位 16 个，每个桩位置处都设一个导向架。常规浮平台的作用是将浮吊船起吊的大护筒（φ2000、δ12）沿浮平台导向架龙口沉放至岩面的桩位处，岸侧采用两台全站仪以切线方法控制大护筒平面位置和垂直度，通过导向架内顶推装置配合浮吊船沉放进行微调，以确保大护筒沉放位置和垂直度满足设计要求（图 2）。大护筒沉放稳定后，采用直径 1.8m 的冲击钻机沿大护筒进行引孔，用掏渣桶进行掏渣，钻进深度为 3m（图 3）。

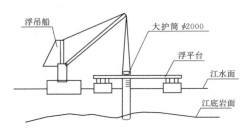

图 2　大护筒沉放示意图

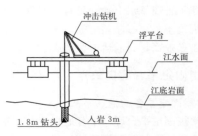

图 3 大护筒引孔示意图

引孔完成后，浮吊船起吊 DZ90 型振动锤，将 φ1600 的钢管桩通过浮平台导向架下放到已完成引孔的桩位处，钢管桩沉放也是通过岸侧的两台全站仪采用切线法控制平面位置和垂直度，并通过导向架内侧顶推装置进行微调，确保钢管桩沉放满足设计要求。钢管桩沉放尽量选择水流较缓时段进行下设，减小水流对桩基垂直度造成的影响。

φ1600 钢管桩沉放完成后，采用料斗＋导管法进行混凝土浇筑，完成钢管桩植桩施工。浮吊船吊料斗下放至钢管桩内，通过料斗灌注水下混凝土，混凝土通过 φ1600 钢管底部设置的翻浆孔流入引孔岩壁和钢护筒之间的空隙。为了确保翻浆效果，钢管桩内浇筑混凝土高度要比引孔深度高 1m，待水下混凝土初凝后，利用浮吊船和振动锤配合拔除 φ2000 的大护筒，钢管桩植桩施工完成。植桩完成后，即可将浮平台移位到下一个工位，并将 φ1600 的钢管桩接桩至设计标高，然后以 φ1600 钢管桩作为支撑搭设固定平台。固定平台的上部结构自下而上依次由 δ16 钢牛腿、I32 工字钢、[25 槽钢、δ6 花纹钢板、φ48 钢栏杆等组成。

3.4 灌注桩施工工艺

浮平台转化为固定平台以后，一般可按照常规混凝土灌注桩施工工艺进行施工。即先采用浮吊船吊放冲击钻机就位，冲击钻钻孔至设计标高后，再用浮吊船将钢筋笼吊放至孔内，最后采用导管法浇筑水下混凝土至设计顶标高。由于本工程位于长江江豚保护区内，环保要求极高，灌注桩钻孔过程中泥浆不能流入长江，因此泥浆的制备、存储、循环利用及沉渣的处理是施工过程中需要解决的另一个技术难题。

施工平台上需布置冲击钻机、混凝土料斗及导管、处理溶洞所需水泥、黄土、块石及地勘用的超前钻钻机和钻杆，码头施工用的电缆、电焊机等设备和材料。因此，在泥浆循环系统设计时要充分考虑节约平台占地。为了解决泥浆循环利用的问题，结合现场的工况条件，专门研制了一套泥浆循环过滤系统，即利用施工桩钢护

筒作为制浆钢护筒，利用施工钢护筒临近的钢护筒作为储浆钢护筒，通过泥浆泵和橡胶管控制泥浆循环，并通过滤沙装置进行过滤，分离沉渣并收集集中处理，实现施工桩与储浆钢护筒之间的泥浆循环。

泥浆制备和循环的工艺如下：钻机就位后，将钻机提升至孔底以上 10cm 左右，连接好泥浆循环回路，开动钻机，加入黄土，通过钻头的短冲程移动搅拌孔内混合物制造泥浆。用泥浆泵将泥浆抽排进入泥浆池（即为施工桩基相邻的钢护筒），把泥浆池内的泥浆再通过泥浆泵抽排至钻孔桩的孔内。在泥浆制备过程中，对泥浆池出口处的泥浆进行检测，根据检测结果对泥浆配比加以调整，增减水和黄土的用量，直到新制泥浆达到施工需要的性能指标。为了提高泥浆质量，加快施工进度，同时尽量节约平台空间占用，钻进孔中携带大量沉渣的泥浆经滤砂装置过滤后，流入储浆钢护筒，过滤出的沉渣收集后集中存放处理。滤沙装置（图 4）设计采用角钢焊接成骨架，骨架外侧焊接 1cm 厚钢板作为封闭，正面安装金属滤网进行石渣过滤。滤沙装置顶部设计缓冲池，减少泥浆的冲击力，落入滤网后石渣会得到有效过滤，过滤后泥浆沿底板自流，从排出口流入储浆钢护筒。

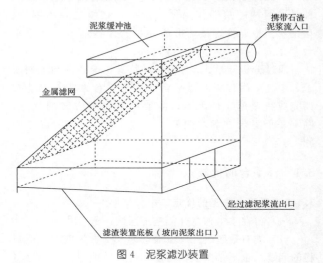

图 4 泥浆滤沙装置

4 结语

针对池州长江高桩码头 6 号、7 号泊位复杂的地质条件和水域条件，通过分析常规固定平台和浮平台的优缺点，并对这两种方案进行优化，从而形成了浮平台结合固定平台的复合方案，同时还研制了一套泥浆循环过滤装置，顺利解决了复杂工况环境下的嵌岩型灌注桩施工，为类似工程施工积累了宝贵经验。

浅析超高垂直竖井上弯段钢管吊装方案

陈　婉/中国电建集团国际工程有限公司

【摘　要】　厄瓜多尔科卡科多辛克雷水电站2#超高垂直引水竖井上弯段，采用钢管衬砌方式，钢管内径5.8m，由竖井段、R30m 90°弯管段和水平段组成。对竖井开挖和混凝土浇筑期间的吊装提升系统进行升级改造，以满足竖井钢管安装吊装需求。文章针对该电站上弯段压力钢管安装特点和吊装系统的升级改造方案进行了详细阐述。

【关键词】　水电站　竖井　上弯段钢管　吊装

1　概述

厄瓜多尔科卡科多辛克雷水电站为引水式电站，位于南美洲厄瓜多尔国北部纳波省与苏坤比奥斯省交界处，主要建筑物包括引水枢纽、输水隧洞、调蓄水库、压力管道、地下厂房、进厂交通洞及500kV电缆洞、地面开关站和控制楼等。电站总装机容量1500MW，年发电量88亿kW·h，可满足厄瓜多尔近1/3用电需求，电站共安装8台立式冲击式水轮发电机组，设2条压力管道采用一洞四机方式供水，每条压力管道分别由上平段、上弯段、竖井段、下弯段、下平段、岔支管段组成。其中，1#压力管道上平段长740m，竖井高544m，下平段长570m；2#压力管道上平段长735m，竖井高542m，下平段长677m；两条压力管道上平段、竖井段和下平段混凝土砌段内径均为5.8m。

在竖井上弯段钢管安装时，对竖井开挖和混凝土浇筑期间的吊装提升系统进行升级改造，以满足竖井上弯段钢管的安装吊装需求。本文就2#压力管道上弯段钢管部分的安装特点和吊装系统的升级改造方案进行详细阐述。

2　竖井上弯段钢管安装特点介绍

2#竖井上弯段钢管安装高程由1050.00m到1165.311m（进口管口中心），内径5.80m，由竖井段、

R30m 90°弯管段及水平段组成，钢管材料为ASTM A537 CL-1，板厚有$\sigma20$、$\sigma30$、$\sigma36$三种规格。钢管两端设有阻水环，环高300mm，板厚$\sigma30$，钢管中部设有加劲环，环高200mm，板厚$\sigma30$。钢管轴线展开总长度为138.411m，总工程量为778.68t。

竖井钢管共由50节组成，安装重量最大的为第一节定位节，定位节单节长度为3m，最大的吊装重量22.35t，其余管节单节长度均为3m，吊装重量19t。弯管段按设计图分19节，其中2.5°2节，5°17节，共重203.35t。主要技术参数及工程量见表1。

表1　　　　　主要技术参数及工程量表

序号	部件名称		内径/mm	长度/数量	壁厚/mm	总重量/t
1	上直段阻水环	件1	φ5840	3圈	30	4.05
2	上直段主管	件2	φ5800	6m	20	17.52
3	上直段加劲环	件3	φ5840	5圈	30	4.5
4	90°弯管主管	件4	φ5800	2×2.5°+17×5°	30	203.35
5	弯管加劲环	件4	φ5860	55圈	30	49.50
6	上垂直段加劲环	件5	φ5860	74圈	30	66.60
7	上垂直段主管	件6	φ5800	55.311m	30	238.57
8	下垂直段主管	件7	φ5800	30m	36	155.44
9	下垂直段加劲环	件8	φ5860	39圈	30	35.1

续表

序号	部件名称	内径/mm	长度/数量	壁厚/mm	总重量/t
10	下垂直段阻水环 件9	φ5860	3圈	30	4.05
	合计				778.68

受施工现场运输条件限制，钢管单节分两片瓦块运输至洞内组装场，在洞内组装场进行组焊成单节整圆，然后吊装至安装工位进行安装。竖井直管段第一节为定位节，定位节安装完成验收通过后进行混凝土回填，待混凝土强度满足要求后进行其余管节的安装。后续每安装3节作为一个混凝土回填单元。

3 吊装提升系统的升级改造方案

3.1 原吊装系统介绍

2#竖井开挖及浇筑施工期间，在竖井顶部设计了一套提升系统，前期主要用于竖井开挖及支护，后期主要用于钢筋绑扎、混凝土浇筑、固结灌浆施工。设备布置情况如下：

在引水上弯段竖井井口位置设置稳绞及天轮平台洞室〔长×宽×高为36.5m×8.0m×（8.0~4.0）m〕，洞室内布置一台凿井绞车及5台悬吊稳车。其中，3台吊盘稳车，1台稳绳稳车，1台安全吊笼稳车；除湿扇2

台，以及2套PLC电控系统；通信、信号、照明及动力电缆均随吊盘绳下井。

在竖井上方的洞室内，垂直洞室走向方位布置三根H850×300HN窄翼缘H型钢作为天轮平台托梁，梁两端直接固定在洞室预刻的梁槽内，梁校正后用混凝土灌实。待混凝土达到一定的强度后，在其上面安装I45a天轮梁，其上布置1个φ1600提升天轮和4个φ1050天轮悬吊吊盘，3个φ600天轮悬吊稳绳及安全梯。所有提升、悬吊天轮安装结束后，天轮梁用角钢焊接连成整体，最后用钢板将整个天轮平台封严作为检修平台。

该系统选用JTP-1600×1200型提升机，钢丝绳型号为18×7-24-1770，钢丝绳全部破断拉力为41370kg。

3.2 吊装系统升级改造方案

在竖井上弯段压力钢管安装时，对上述系统进行升级改造，满足吊装压力钢管的需求。

在竖井的洞顶设4组锚杆，每组锚杆由6根φ28锚杆组成，锚杆入岩深度4m，每根锚杆以10t拉力进行试验不松动，采用钢板与锚杆焊接，每个钢丝绳固定端的受力不小于15t。

在天轮平台的水平位置设置4个导向滑轮，再设4个16t动滑轮，钢丝绳通过动滑轮后固定在洞顶的锚杆上，然在经过天轮，从而减少天轮平台受力。吊装系统升级改造完成后，进行荷载试验，通过验证合格后再进行吊装工作。吊装系统具体布置见图1～图3。

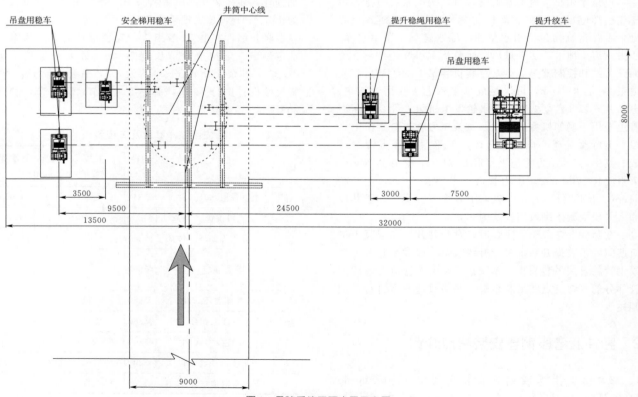

图1 吊装系统平面布置示意图

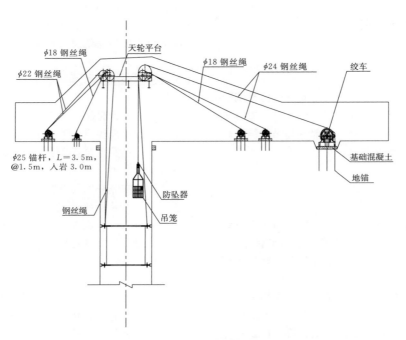

图 2　吊装系统布置示意图（1）

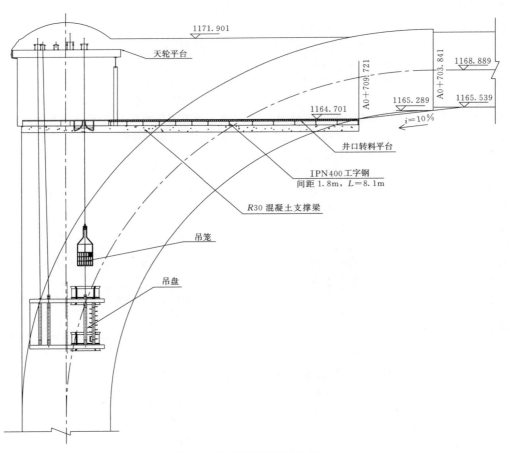

图 3　吊装系统布置示意图（2）

4 竖井上弯段钢管吊装

4.1 吊装工艺流程

吊装前准备→压力钢管检查验收完成→运输系统及吊装系统联合检查验收合格→压力钢管吊装至运输台车及加固→压力钢管洞内运输至竖井上部→起吊系统吊钩挂装及检查→试吊3次→退出运输小车→正式吊入压力钢管。

4.2 竖井段吊装程序及工艺

钢管在组装场组装完成并验收合格后，利用在拼装场顶部设置的2台16t电动葫芦吊装至运输平台车上，通过运输平台车将压力钢管运输至竖井顶部。然后采用吊装系统进行吊装。

当钢管运输到竖井的起吊系统位置后，采用平衡吊梁上的4个吊点与钢管上的吊点连接吊装。然后对各吊点进行联合检查，检查合格后试吊3次，第三次试吊完成后吊起钢管撤走台车，再将钢管缓慢吊入井内安装。

4.3 弯管段吊装程序及工艺

当压力钢管安装到弯管段时，因竖井内布局空间限制和安装精度的要求，压力钢管的吊装就位工作难度大，安全风险度高。因此，弯管段压力钢管的吊装就位是整个上弯段钢管吊装工作的重中之重。弯管段钢管吊装就位工作的工艺流程如下：

当压力钢管通过运输小车运输到弯段起点位置时，将起吊系统的前一台提升机暂停，将后一台提升机的牵引吊钩挂在上游侧运输台车上并让钢丝绳处于受力状态，前一台提升机的吊钩换到牵引钢管上游侧，用手拉葫芦配合往下游牵引，同时两台提升机处于受力状态逐步放出钢丝绳。待台车及钢管进入弯段时，拆除手拉葫芦，提升机缓慢放出钢丝绳，让台车及钢管顺着钢轨下移到安装位置。利用设置在顶拱的吊装锚点起吊钢管，提升钢管待钢管与台车分离后提升机缓慢收绳将台车拉出；然后将钢管吊装到安装位置，利用手拉葫芦和千斤顶的配合进行安装调整。

4.4 水平直管段吊装程序及工艺

前期上弯段的扩挖段作为压力钢管的拼装场地，在拼装场的顶部设置2台16t电动葫芦，起升高度24m，电动葫芦轨道采用40#H型钢，长48m，在洞轴线顶部安装。洞顶设置98根ϕ28锚杆，锚杆排距0.3m、间距1m，入岩深度4m。每根锚杆以10t拉力进行试验不松动。电动葫芦安装完成后，在全行程做荷载试验，检验轨道连接件的质量和电动葫芦的承载能力。

当压力钢管安装到弯段时，直接利用2台16t的电动葫芦直接吊装就位进行安装。

5 钢管吊装安全管控

安全工作是施工过程中最关键的控制点，在钢管的吊装过程中应注意以下安全问题：

（1）吊装系统必须严格按照设计要求及精度进行安装。

（2）在竖井四周设置安全围栏，高度不小于1.2m。

（3）吊装系统的卷扬机和吊笼的卷扬机须编号管理，并分派专人检查、维护。运行前，需对所有设备的刹车部分、线路进行检查，确保升降安全。

（4）信号工、司机必须严格按照岗位责任制和安全操作规程上岗，严禁脱岗、私自离岗，上班期间需精力集中、听准、发清、开准信号，严禁信号不清开车。

（5）吊笼严禁超载、人货共运。

（6）钢管吊装及安装实行封闭式管理，严禁闲杂人员进入。

（7）提升系统设备、工作平台、吊笼等均需安装可靠接地。

6 总结

厄瓜多尔科卡科多辛克雷水电站2#超高垂直竖井上弯段钢管吊装系统利用原有的竖井开挖和混凝土浇筑施工所用的吊装提升系统进行升级改造。经过实践验证，改造后的吊装提升系统，不但大大降低了施工成本，缩短了施工工期，还具有良好的稳定性、控制性和安全性，能够满足超高竖井钢管的安装吊装要求。该项目吊装提升系统的升级改造思路和方法，可供其他类似电站项目借鉴参考。

参考文献

［1］王文超，彭运河. 超深竖井提升设备设计选型研究［J］. 水利水电施工，2016（1）：47-49.

［2］杨春雷，吴兴万. 超深竖井施工提升系统的设计与应用［J］. 云南水利发电，2014（30）2：89-92.

［3］李红卫，陈振明，汪琨. 水利水电工程中长竖井、大直径压力钢管安装方法［J］. 水能经济，2017（9）：111.

［4］陈博，杨雄，陈招明. 引水系统竖井压力钢管安装施工措施［J］. 水力发电，2016，42（8）：52-55.

［5］张国功. 印尼帕卡特水电站竖井压力钢管安装方案浅析［J］. 中国水能及电气化，2016（8）：11-14.

浅析以色列 K 项目引水下平洞天锚吊装钢管方案

李　刚　汪观鸿　姜如洋/中国水利水电第五工程局有限公司

【摘　要】　本文介绍了以色列 K 项目抽水蓄能电站引水隧道压力钢管采用天锚卸车安装方案，地下洞室空间狭小，为减少洞室开挖量、降低支护难度，通过综合比较，最终确定采用天锚系统卸车钢管的安装方案。针对洞室围岩结构及类别分析比较，设计布置了天锚吊装系统，对压力钢管卸车和就位进行了阐述，可供类似水电站洞内压力钢管安装提供借鉴。

【关键词】　抽水蓄能电站　天锚　压力钢管　吊装

1　概况

以色列 K 项目引水隧洞下平段起始于竖井下弯段后（桩号：HRT 0+885.045），终止于厂房机组进水球阀前（HRT1 1+106.460），该段主要包括主引水 $\phi 4m$ 直管（43 大节，单节长度 4m）长约 170m，材质为 B610CF，板厚 50mm；岔管为 Y 形月牙肋岔管，$\phi 4\sim 2.8m$，长度 6.85m，材质为 B780CF，板厚 52mm，月牙肋 108mm；引支管内径 2.8m，2 条引支（11 大节，单节长度 4m）长约 42m；另有 2 条渐变管内径 $\phi 2.8\sim 1.74m$，两条长度 20m；2 条 $\phi 1.74m$ 管节长 13m。引支及渐变钢管材质均为 B610CF，板厚 $34\sim 48mm$，下平段累计总重约 1125t。

下平洞引水隧道及施工支洞土建均开挖成马蹄洞形，主管段开挖直径 5.2m；支管段开挖直径 4m；1# 施工支洞腰线长度 7m，高度 6.5m，底部宽度 5m；进厂交通洞大部分开挖为城门洞形：宽 6m、高 7m；下平洞通过 1# 施工支洞、进厂交通洞连接，距离厂交洞大门口约为 1400m。

2　施工方案简介

下平段引水隧洞 $\phi 4m$、长 4m 直管，板厚 50mm，单节压力钢管约为 20.5t；岔管最大外形：$7m\times 7m\times 4.6m$（长×宽×高），总重 45.772t。因岔管整体制作完毕运输会受进厂交通洞断面几何尺寸限制，考虑到洞内安装环境较差、作业空间狭小且岔管安装要求极高，按照尽可能减少洞内组焊原则，因此将岔管分为四大部分提前在洞外制作：岔管本体 [4.85m×5.95m×4.6m（长×宽×高），自重 30.85t]；主岔锥体段 [1.1m×4.136m×4.136m（长×宽×高），自重 5.75t]；2 节分岔锥体段 [1.22m×3.043m×3.043m（长×宽×高），自重 4.59t]。因此下平段运输及吊装按照岔管本体 30.85t 考虑。

2.1　压力钢管运输

2.1.1　运输形式

（1）直管运输（图 1）。

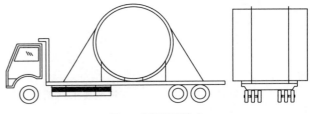

图 1　直管运输形式

（2）岔管运输（图 2）。

图 2　岔管运输形式

2.1.2 其他

（1）运输方式。公路运输主要是采用平板运输车（运输重心较低的平板车），以保证运输平稳安全，在平板拖车上设置支撑托架，将压力钢管平放至托架上捆绑加固。

洞内运输主要为钢结构制作的运输台车，沿着所铺设的轻轨牵引就位。

（2）运输路线。压力钢管在堆场采用75t汽车吊水平吊放至平板运输车上，平板运输车从进厂交通洞驶入1♯施工支洞，从1♯施工支洞运输至支洞与下平段引水隧洞交会处由天锚系统卸车。

（3）运输注意事项。施工道路坡比度不得超过12°，因此钢衬在运输前，缓慢运输是前提，还必须提前勘察道路状况。如有深度超过400mm以上凹坑等应及时填平压实；同时考虑钢衬在上坡或者下坡过程中，必须注意其坡度，如若坡度过大，除了在车厢板宽度方向采用导链捆绑拉紧钢衬以外，同时还应在车厢板长度方向捆绑拉紧钢衬，以防钢衬因上、下坡产生滑移。

2.2 压力钢管洞内卸车

2.2.1 天锚布置

天锚布置于1♯施工支洞与引水隧洞交会处，两组天锚上下游间距3m。考虑滑轮组、索具重量和起重荷载系数及预留安全裕量等因素，两天锚的起重荷载均应按单独起重荷载能力为20t进行核算。按此荷载能力，选定单组天锚采用多根打入岩石层一定长度的$\phi36$螺纹钢，在洞室顶部岩石上打孔注浆锚固后作为天锚的承载锚点，下部端部采用钢板或型钢进行电焊连接加固后作为天锚的起吊支承点。天锚详图见图3。

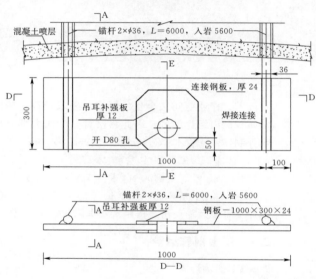
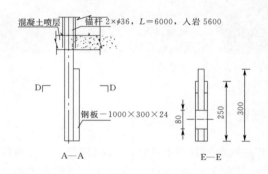

图 3　单个天锚设计布置示意图（单位：mm）

2.2.2 天锚选型校核

（1）基本参数。

1）单个吊点荷载标准值 $N = 200$kN。

2）单根锚杆为 $\phi36$，$L = 6$m，入岩 5.6m，外露 0.4m。

3）锚杆钻孔直径 $D = 52$mm（规范要求钻孔径大于杆体直径 15mm 以上）。

4）可变荷载分项系数 $\gamma_Q = 1.4$。

5）Q235 钢抗剪强度 $\tau_1 = 90$N/mm²（第二组）。

6）Q235 钢角焊缝抗拉、抗剪强度：$f_f^w = 105$N/mm²（第二组）。

7）锚杆（HRB335 钢筋）抗拉强度设计值 $f_y = 300$N/mm²。

8）锚杆（HRB335 钢筋）抗拉强度标准值 $f_{yk} = 335$N/mm²。

9）水泥结石体与岩石孔壁间的黏结强度标准值 f_{mg} 取 1.2MPa（按较硬岩取值，取规范中小值，偏安全）。

水泥结石体与锚杆间的黏结强度标准值 f_{ms} 取 2.0MPa（取规范中小值，偏安全）。

（2）锚杆计算。计算依据《岩土锚杆（索）技术规范》（CECS 22—2005）。

钢锚体杆截面面积计算：

$$A_s \geq \frac{K_t N_t}{f_{yk}}$$

式中　K_t——锚杆杆体的抗拉安全系数，取 1.8（以永久锚杆计，偏安全）；

　　　N_t——锚杆的轴向拉力设计值，根据相关规范，本计算荷载分项系数取值如下：动荷试验时，活荷载分项系数取 1.4；动力系数取 1.2；动力载承载力试验分项系数取 1.1；静荷试验时，恒荷载分项系数取 1.2；静荷载承载力试验分项系数取

1.25。根据以上分项系数可以看出，动荷载试验属于不利工况，故本计算按动荷载试验来设计；

$$N_t = 1.4 \times 1.2 \times 1.1 \times (200kN \div 2)$$
$$= 184.8kN;$$

f_{yk}——钢筋抗拉强度标准值。

则锚杆截面面积：

$$A_s = \frac{1.8 \times 184.8 \times 10^3 N}{335N/mm^2} \approx 993mm^2$$

实际采用 $\phi36$ 锚杆，截面面积 $= 1017.36mm^2 > 993mm^2$，满足要求。

锚固段长度计算：

$$L_{a1} > \frac{KN_t}{\pi D f_{mg} \varphi}, \quad L_{a2} > \frac{KN_t}{n \pi d \xi f_{ms} \varphi}$$

式中 K——锚杆锚固体的抗拔安全系数，取 1.8；

N_t——单元锚杆的轴向拉力设计值；

L_a——锚杆锚固段长度，m；

f_{mg}——锚固段注浆体与地层间的黏结强度标准值，kPa；

f_{ms}——锚固段注浆体与筋体间的黏结强度标准值，kPa；

D——锚杆锚固段的钻孔直径，mm；

d——钢筋直径，mm；

ξ——采用 2 根或 2 根以上钢筋时，界面的黏结强度降低系数，取 0.6~0.85；

φ——锚固长度对黏结强度的影响系数，取 1；

n——钢筋或钢绞线根数。

则 $L_{a1} = 1698mm$，$L_{a2} = 1471.33mm$

所以均小于锚杆实际锚固长度 $L_a = 5600mm$，满足要求；注浆用的水泥砂浆或水泥结石体，强度等级为 M30。

（3）吊耳板计算。吊耳板采用 $\delta = 24mm$ 钢板，$1000mm \times 300mm$（长×宽）；每个吊耳板下各悬挂一个 21t 常用卡环。吊钩钢轴下部钢板抗剪强度验算（选取最薄弱部位钢板进行核算，其余钢板截面位置不再核算）。

钢板吊孔轴下部钢板高 $h = 50mm$，吊耳孔 $\phi80mm$，在吊耳孔两侧各焊接一块 $\delta = 12mm$ 钢板。

截面最大剪应力：

经典解析法计算：$\tau = \frac{N}{A} = \frac{200 \times 10^3}{(24 + 12 \times 2) \times 50}$
$$= 83.33MPa < 90MPa$$

$$\sigma_{cj} = \frac{KN}{d\delta} = \frac{1.1 \times 200 \times 10^3}{80 \times 48}$$
$$= 57.29MPa \leqslant [\sigma_j] = \frac{\sigma_s}{3}$$

满足要求。

（4）锚杆与钢板角焊缝强度验算（受力平行于焊缝长度）。

$$\tau_f = \frac{N}{h_e l_w} \leqslant f_f^w \quad （一个吊板上共 2 根锚杆）$$

式中 τ_f——按焊缝有效截面计算，沿焊缝长度方向的剪应力；

h_e——角焊缝的有效厚度，对直角焊缝等于 $0.7h_f$；

h_f——焊脚高度尺寸 18mm（实际锚杆与钢板间连接为双面角焊缝，此处按单面角焊缝核算偏安全）；

l_w——焊缝计算长度，等于设计长度减去 10mm（此处设计长度 300mm）；

N——通过焊缝形心的剪力设计值；

f_f^w——角焊缝的强度设计值。

代入公式得 $\tau_f = 27.367MPa < f_f^w$，满足要求。

2.2.3 天锚卸车方法

压力钢管运输至天锚下方后，解除捆绑在钢管与车体上的绑扎带。操控 2 台 20t 电动导链缓慢将压力钢管悬空吊起，操作过程中要注意两台电动导链的同步性，避免单边倾斜过重。待起升高度达到 100mm 高度时，暂停操控电动导链，观测锚杆、钢丝绳、卡环及整体状况，无异常情况可将运输车辆驶入避车洞。管节运输台车移至吊起悬空的钢管下部，操控电动导链将管节缓慢下降，置放于钢管运输台车上，用卷扬机牵引至上游或下游方向安装部位，见图 4。

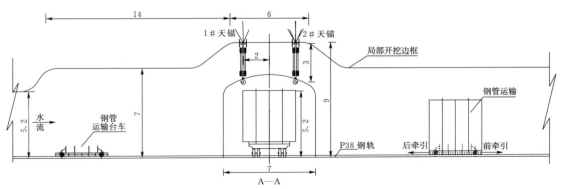

图 4　天锚卸车示意图（单位：m）

3　安全措施及注意事项

（1）施工人员在施工时应注意安全，戴好安全帽，穿好防滑鞋；高空作业时要系好安全带。

（2）对于易燃、易爆品，如氧气、乙炔等远离施工现场。

（3）钢管起吊应由专业起重人员指挥。

（4）严禁歪拉斜吊，钢管正式吊装前必须先试钩，在原地上下起升三次，离地 300mm 左右，所有钢丝绳必须有足够的安全系数（为所吊实际重量的 6 倍），无断丝断股现象。

（5）采用卡扣吊装前，先检查卡扣和绳子均有足够的安全系数，吊耳焊接牢固，有足够起吊承重，焊缝无裂痕。

（6）在吊装时，被吊钢管尚未固定及牢固时，不得摘钩。

（7）拆接电源线应由专职电工操作，并做好防护措施，以防触电。

（8）通信必须保持畅通，确保起重稳车群协调配合。

（9）严格按照本专项施工方案起吊步骤操作，杜绝违章操作。

4　结语

根据天锚设计、布置及卸车特点，严格执行安全规范及设计标准，同时从设计的角度尽可能地减小吊板设计高度，在电动导链选型上，除了满足起重要求外，也尽可能地选择上限距离较小的导链，其目的主要是降低卸车区域土建的开挖高度及支护难度。通过从设计优化、设备选型、协同施工几个环节，成功解决了压力钢管在狭小空间利用天锚卸车的难题，具有一定的借鉴价值。

参考文献

［1］程嘉佩，等. 材料力学［M］. 北京：高等教育出版社，1989.
［2］江正荣. 建筑施工计算手册［M］. 2版. 北京：中国建筑工业出版社，2007.
［3］张质文，等. 起重机设计手册［M］. 北京：中国铁道出版社，2013.
［4］《电力工业标准汇编·水电卷》编辑委员会. 金属结构设计［M］. 北京：水利电力出版社，1994.

搭拼式模板的研发与应用

李文强/中国水利水电第十二工程局有限公司

【摘　要】　组合钢模板使用中存在着模板拆除时模板之间没有足够的操作工具的空间，常用撬棍利用模板纵、横肋作为支点进行撬拆，导致模板被撬伤甚至变形，严重影响了模板的使用寿命，且需花费相当多的费用进行修复，才能使模板重复周转使用。搭拼式模板的成功开发并得到应用，大大降低了钢模板的损耗。本文介绍了此模板的开发及应用。

【关键词】　搭拼式模板　开发　应用

1　前言

钢模板是用于混凝土浇筑成型的钢制模板，除了钢质模板还有木质模板、胶合板模板等。钢模板以其多次使用、混凝土浇筑成型美观等特点被广泛应用于建筑工程中。

组合钢模板（宽度和长度采用模数制设计，能相互组合拼装的钢模板）拼装浇筑混凝土后，模板之间相互拼接、挤紧（如图1所示，位于四根梁围合的区域内的钢模板）。传统的拆模方法主要有以下两种：

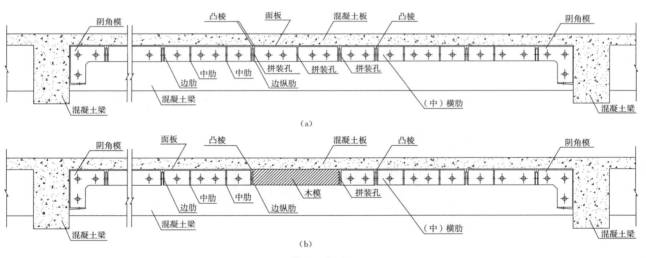

图1　钢模板

一种是利用模板拼接处肋之间的缝隙，采用撬棍撬动模板拆除［图1（a）］，利用模板拼接处肋作为支点进行撬拆。由于模板拼接处肋条之间没有足够可插入撬棍头的空间，且肋的抗撬刚强度也小，导致模板被撬伤甚至变形。这严重影响了模板的使用寿命，需花费相当多的费用进行修复，才能使模板重复周转使用；另一种是在预定的位置拼（嵌）入一块或多块木模板［图1（b）］，拆模时，先拆除木模，再拆除其他模板。这种做法的缺陷在于木模拆除后即破碎，几乎不能再使用，木模消耗大，施工成本高。

钢模板这个在使用中呈现出来的缺点，或多或少限制了其应用。研发搭拼式模板可以较妥善地解决此问题。

2　研发

2.1　研发思路

如何使模板之间有一定的拆模操作空间，是解决此问题的一个思路。为此，基于抽分搭接模板原理进行研发。整片模板组拼时，其中的一块或多块采用搭接或抽分式模板，拆模时先拆除搭接或抽分式模板，再拆除其余模板。

　　如此研发出如图2所示的搭拼式模板。它由两部分组成，即由面板、纵肋、横肋组成的面板块及由面板延伸出的板舌组成。此模板可以单块使用，也可以多块拼接，提供更大的拆模空间。按面板块与板舌的相对位置进行分型，可以有以下两种型式：单板舌与双板舌。

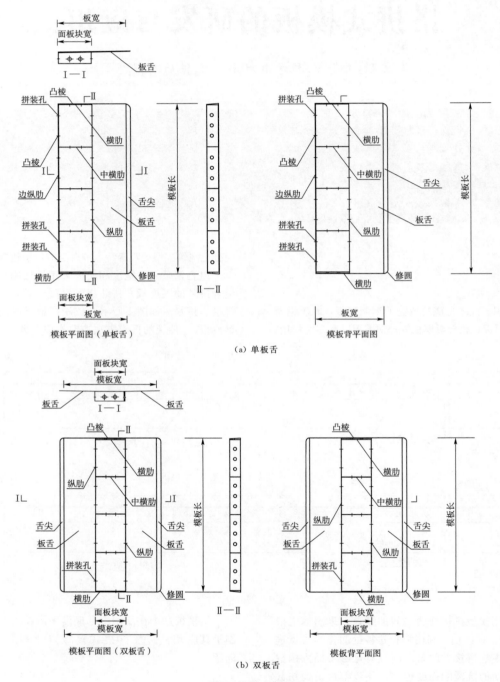

图2　搭拼式模板图

2.2　技术设计

　　（1）此模板的长度与宽度取与之配套的钢模板的长度与宽度系列，并制成不同的尺寸系列，与钢模板配套使用。

　　（2）此模板面板块的宽度取模板宽度的1/2～1/3，并符合模板模数。板舌的总宽为模板宽度扣减面板块再加1个（或2个，双板舌型时）舌尖长。

　　（3）面板块的横肋、单板舌的外纵肋有凸棱，可以很好地与钢模板吻合，防止漏浆。

（4）纵肋、横肋上设有拼装孔，孔径、位置与钢模板相对应，实现与钢模板用 U 形卡等配件进行拼接。

（5）板舌舌尖部分钢板变薄，使板舌侵入混凝土的部分尽量减少，并在所允许的范围内。

（6）板舌舌尖角修圆，更利于对模板的保护，同样防止尖角刺伤使用者。

（7）采用优质弹簧钢板做面板，拼搭处可更严密。

2.3 模板承载力分析

（1）使用此模板，因采用了与钢模板类似的结构型式，其承载力分析验算与钢模板类似。

（2）当采用其他材料时，模板的强度与刚就因材料的不同而不同，宜加强肋条的厚度与数量，使强度与刚度等同配合一起的钢模板，这样在对模板体系加固中，就可以按钢模板考虑了。

3 应用

3.1 工程概况

东坑水是深圳市茅洲河上游段右岸的一级支流，位于光明新区中部。东坑水调节池工程占地面积 4.16 万 m^2，调蓄规模 13.5 万 m^3。调节池为全地下室钢筋混凝土结构，结构外轮廓尺寸为 282m×110m×7.7m（长×宽×高），池壁厚 1.0m，顶板厚 300mm。柱网间距 7.5m×7.5m，主梁间距 7.5m，每个柱网区域（7.5m×7.5m）被梁划分为四个相同的区域，每个区域尺寸为 3.75m×3.75m，该区域之间的模板拼装见图 1。

3.2 应用概况

3.2.1 钢筋、混凝土工程

钢筋为加工厂制作，现场人工绑扎混凝土采用商品混凝土，汽车泵泵送入仓；混凝土采用洒水养护。

3.2.2 模板工程

（1）模板采用了组合小钢模板（宽度 100～300mm，长度 450～1500mm 的模数制钢制模板），$\phi48×3.5mm$ 钢管、扣件、扣件式钢管满堂加强型支撑架（立杆纵、横距均为 0.75m，横杆步距 0.87m，模板纵、横向楞采用矩形钢管）支撑并加固。

（2）搭拼式模板设计为 TP3015 单舌型（TP 表示搭拼），即模板宽 300mm，模板长 1500mm。搭拼模板面板的宽度 150mm，板舌长 170mm，舌尖长 20mm，面板板厚 3.0mm，舌尖厚 1.8mm。钢模板组拼时，在每个区域（3.5m×3.5m）中部拼嵌一块 TP3015 单舌型搭拼式模板。

（3）混凝土施工完成达到拆模强度，旋转可调托撑，降下楞梁，从搭拼式模板处开始拆除，逐一拆除其他模板、楞梁、满堂支撑架等。

3.2.3 相关计算分析

（1）已经条件。

1）支模架为扣件式钢管满堂支撑架（加强型），支模架立杆纵横距 0.750m×0.750m（$L_a×L_b$），步距 $h=0.870m$。

2）梁板模板及楞梁自重标准值 $P_{楞}=1.1kN/m^2$。

3）混凝土自重标准值 $P_{混凝土}=\gamma_{混凝土}d=17.5kN/m^2$（容重 $\gamma_{混凝土}=25kN/m^3$，板厚度 $d=0.7m$）。

4）施工人员活载：

$P_{活1}=1.0 kN/m^2$（计算立柱）；

$P_{活2}=2.5 kN/m^2$（计算模板与次楞梁）；

$P_{活3}=1.5kN/m^2$（计算主楞梁）。

5）振捣混凝土 $P_{振}=2.0kN/m^2$。

6）倾倒混凝土 $P_{倾}=6.0kN/m^2$。

7）支撑模板的楞梁为矩形钢管截面为 100mm×50mm×3.0mm（长×宽×壁厚），$I_y=37.4cm^4$；$W_y=11.336cm^3$。

（2）计算假定。

1）满堂支撑架在满足构造要求前提下，通过对立杆最不利段受压稳定性计算分析，判定架体的承载能力。

2）支撑模板的楞梁按简支梁分析验算其强度与刚度。

3）钢模板按两端悬臂的简支梁计算其强度与刚度。

（3）立杆稳定承载力复核。

1）稳定性复核计算按公式：

$$N_i/(\varphi_i A)\leq f$$

式中　N_i——立杆轴力设计值，当 $i=1$ 时为顶段 N_1，当 $i=2$ 时为底段 N_2。

不组合风荷载：

$$N_1=1.2N_{G1K}+1.4\sum N_{QK}$$
$$=1.2×10.46+1.4×5.06$$
$$=19.63(kN)$$
$$N_2=1.2(N_{G1K}+N_{G2K})+1.4\sum N_{QK}$$
$$=1.2(10.46+1.25)+1.4×5.06$$
$$=21.14 (kN)$$

式中　N_{G1K}——混凝土及模板自重标准值。

$$N_{G1K}=P_{混凝土}L_aL_b+P_{楞}L_aL_b$$
$$=(17.5+1.1)×0.75×0.75$$
$$=10.46 (kN)；$$

式中　N_{G2K}——支撑立杆及纵横杆剪刀撑等自重，自重折合为每米重量取 $q_{架}=0.1844 (kN/m)$；

$$N_{G2K}=H×q_{架}=6.8×0.1844=1.25 (kN)；$$

$\sum N_{QK}$——倾倒混凝土、振捣混凝土、施工活载在计算立杆时的轴力标准值之和。

$$\sum N_{QK}=(P_{倾}+P_{振}+P_{活1})L_aL_b$$
$$=(1+2+6)\times0.75\times0.75=5.06（kN）$$

式中　φ_i——稳定系统，依据 $\lambda_1=175$、$\lambda_2=164$ 查规范
得 $\varphi_1=0.235$、$\varphi_2=0.253$；

λ_i——长细比；

$$\lambda_1=L_{01}/r=2.77\times10^2/1.59$$
$$=175，<长细比限值[\lambda]=250；$$

$$\lambda_2=L_{02}/r=2.65\times10^2/1.59$$
$$=164，<长细比限值[\lambda]=250；$$

L_{0i}——杆件计算长度，顶段杆件计算长度 L_{01}，
底段杆件计算长度 L_{02}。

$$L_{01}=ku_1(h+2a)$$
$$=1.155\times1.69\times（0.87+0.5\times2）$$
$$=2.77（m）$$

或　$L_{02}=ku_2h=1.155\times2.65\times0.87=2.65（m）$

式中　u_1、u_2——考虑满堂支撑架整体稳定因素的单杆
计算长度系数，由查表插入分析得
1.29 与 2.65；

A、r——48.3×3.6 钢管的截面面积、回转半
径，取 $5.06cm^2$、$1.59cm$；

k——满堂支撑架立杆计算长度附加系数，
规范查得 1.155；

a——立杆伸出顶层水平杆中心线至支撑点
的长度，为 0.5m；

f——钢材的抗压强度设计值，取 205MPa
（Q235 钢）。

2）结论。

$$N_i/(\varphi_i\cdot A)=N_1/(\varphi_1A)$$
$$=19.63\times10^3/(0.235\times5.06\times10^2)$$
$$=165（MPa）<f=205MPa$$

或　$$N_i/(\varphi_i\cdot A)=N_2/(\varphi_2A)$$
$$=21.14\times10^3/(0.253\times5.06\times10^2)$$
$$=165（MPa）<f=205MPa$$

3.2.4　应用效果

（1）拆模作业时间或工日减少：拆模人员由每块 6
名，减少到每块 4 名，拆模时间不变即 4d。

（2）钢模板损坏率从原来的 5% 降低至零。

3.3　效益分析

调节池顶板采用传统模板工艺与本搭拼式模板工艺
相比，技术经济效果明显，对比情况见表1。

表1　经济效益分析（每柱网格 56.25m² 投影面积顶板模板工程）

项次	项目	传统方法	本方法	节省（增加）
1	人工消耗	24 工日	16 工日	节省2400 元
2	木模用量	0.09m³	0	节省200 元
3	钢模板损耗	3.0m²	0	节省600 元
4	搭拼模消耗	0	0.09m²	增加20 元
	合计			节省3220 元

调节池顶板总面积约 3.1 万 m²，约有 520 个单元
格，每个单元格节约成本 3220 元，本工程采用搭拼式
模板施工，共计节约成本约 267.44 万元。

4　结论

（1）搭拼式模板的研发与应用，解决了钢模板在拆
除中存在的缺点。它提供了拆除模板的空间，极大减少
对钢模板在拆除过程中的损伤。

（2）该模板可以制作成系列，周转使用，进一步降
低使用成本。

（3）此模板可用价廉的工程塑料等制作，降低制作
成本；也可采用旧钢模板改制，变废为宝，降低成本。

（4）此模板因采用搭拼构造形式，其搭拼接部分是
嵌入混凝土中的，这在混凝土表观质量要求高时不适合。

参考文献

[1] 中华人民共和国建设部. 组合钢模板：JG/T
3060—1999 [S]. 北京：中国建筑工业出版
社，1999.
[2] 中华人民共和国建设部. 建筑施工扣件式钢管脚手
架安全技术规范：JGJ 130—2011 [S]. 北京：中
国建筑工业出版社，2011.
[3] 中华人民共和国建设部. 建筑施工模板安全技术规
范：JGJ 162—2008 [S]. 北京：中国建筑工业出
版社，2008.

浅谈榆祁大桥上跨 S60 高速公路施工技术

杜文强　陈希刚　王　永/中国电建市政建设集团有限公司

【摘　要】　随着城市的逐步发展，市政道路中跨线桥的施工也越来越多，为保证施工期间既有道路的正常通行便需要保通措施。满堂支架预留门洞的施工方法既能满足既有线的正常通行，又能确保施工的顺利进行，因此在施工中经常得以应用。本文将结合"榆祁大桥上跨S60高速公路"桥梁工程，详细阐述门洞支架的施工设计与现场施工，为今后同类工程施工提供参考资料。

【关键词】　门洞支架　设计　施工　盘扣式支架

1　引言

市政道路跨线桥工程施工中门洞支架的应用日趋增多，门洞支架的相应施工技术知识也应逐渐向施工企业普及与推广。门洞支架属于施工临时结构的范畴，需要施工单位自行编制施工方案，并进行合理的材料选型和正确的结构计算。这就要求施工单位对此类临时结构设计有一个清晰的思路和对临时结构工程的施工有一个整体把握。本文将以晋中市综合通道建设工程 PPP 项目"榆祁大桥上跨 S60 高速公路"桥梁工程为案例工程对门洞支架的设计与施工进行展开分析，以加深工程技术人员对门洞支架设计和施工的认识和理解。

2　工程概况

晋中市综合通道 K18＋135 里程处与 S60 高速 K35＋049 里程处形成交叉，交叉为右前夹角 95.06°，采用桥梁跨越，桥梁上部结构采用 5×30m 装配式预应力混凝土连续箱梁＋（40m＋60m＋40m）预应力混凝土现浇连续箱梁＋3×30m＋3×30m 装配式预应力混凝土连续箱梁，共四联。现浇梁要求采用搭设支架施工，搭设支架的地基平整坚实，确保梁体在施工过程中不发生下沉和不均匀沉降。其中现浇箱梁为直腹板单箱三室，单幅桥面顶宽 23m，底宽 18.5m，两侧悬挑板各挑出

2.25m，箱梁高度按照方程 $H = 1.9 + 1.6\left(\dfrac{x}{29}\right)^2$ 从 1.9m 到 3.5m 发生变化（其中 x 为计算截面至悬臂端的距离）。跨越下方的 S60 高速公路为双向 6 车道，路基顶面宽度 36m，路面结构为水稳基层加沥青混凝土面层。

3　门洞支架方案拟订

晋中市综合通道榆祁大桥现浇梁 60m 主跨跨越晋中市 S60 高速公路 K35＋049 处，桥下净空 6.9m，交管部门要求保证通门洞高度至少保证 4.5m，宽度至少保证 10m，满足正常两车道的交通通行。对此项目初步提出两套门洞方案：其一是钢管立柱＋贝雷梁门洞跨越高速公路（以下简称方案一）；其二是钢管立柱＋工字钢门洞跨越高速公路（以下简称方案二）。两种施工方案具有结构受力简单，传力途径明确，力学计算成熟，施工速度快的特点。鉴于本项目桥下通行净空有限，方案一中贝雷梁（暂定 321 贝雷梁梁高 1.5m）占据桥下通行空间比工字钢（暂定 63A 工字钢腹高 0.63m）多 0.87m，若采用方案一则留给支架调节层的施工空间仅有 0.6m，施工极为不便，若采用方案二则留给支架调节层的施工空间能有 1.5m，综上比选分析后，本项目最终决定采取钢立柱＋工字钢门洞跨越高速公路。

4 门洞支架方案结构设计

本工程决定采用钢立柱＋工字钢门洞结构，该种结构型式的力学模型可以简化为简支梁，简支梁是静定结构，具有受力简单、便于分析计算的特点。

结构设计的主要步骤见图1。

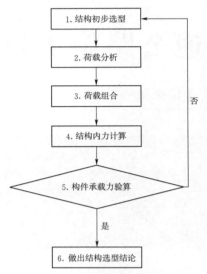

图1 结构设计流程图

4.1 结构初步选型

结构初步选型阶段主要是确定结构的型式和各部位构件的材料选型，以便进行结构试算工作。本工程门洞采用钢立柱＋工字钢形式搭设的门洞，力学模型为简支梁模型。初步方案为：首先利用高速公路路面作为地基，然后施做C40混凝土条形基础［27m×1m×1m（长×宽×高）］并且预埋钢板（0.8m×0.8m×10mm），待混凝土龄期达到要求后按照间距2m均匀安放钢立柱（φ630×10mm×4m），随后安放双拼25号工字钢枕梁，紧接着间隔0.6m吊放63♯工字钢纵梁，最后铺设竹胶板做防落板并在此基础上搭设盘扣式支架调节层。单个门洞初步方案设计横断面简图见图2。

榆祁大桥40m＋60m＋40m现浇梁中间60m跨跨越下方36m宽的S60高速公路，为保证S60高速公路单幅具有双车道通行的行车条件，方案要求在S60高速公路路面上布置双门洞，一边组织交通导行工作。两个门洞之间采用14♯槽钢交叉斜撑和14♯槽钢上下横撑连接，以加强门洞之间的整体性，进而保证整个支架体系的安全性。60m跨下方门洞整体布置简图见图3。

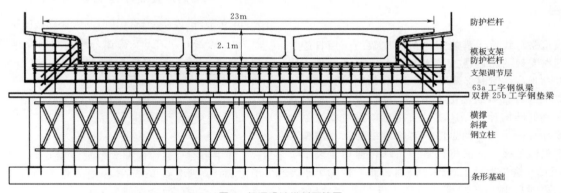

图2 门洞设计横断面简图

跨越S60高速公路现浇段60m跨梁体部分

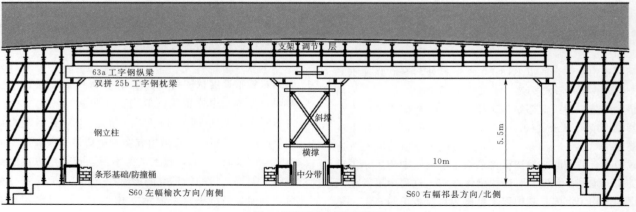

图3 门洞设计纵断面简图

4.2 荷载分析

本桥梁体截面形式为单箱三室，顶板宽 23m，底板宽 18.5m，两侧翼板每边悬挑 2.25m，梁体高速由 1.9m 向 3.5m 按方程 $H=1.9+1.6\left(\frac{x}{29}\right)^2$ 渐变，其中跨越高速公路段的梁高最大值为 2.1m，最小值为 1.9m，对应的梁体截面面积最大值为 18m²，最小面积为 17.2m²。为确保施工阶段的安全，采取保守计算思路，即 10 跨长门洞上方梁体全部按照 2.1m 梁高对应最大梁体截面面积 18m² 进行结构荷载分析。根据本桥钢筋骨架的配置情况，本桥的钢筋混凝土自重取值 26kN/m³。

桥梁施工时的荷载主要考虑恒荷载和活荷载两个方面。

4.2.1 恒荷载

恒荷载主要包括：

（1）主体结构自重：

$$q=\frac{26kN/m^3\times18m^2\times10m}{18.5m\times10m}=25.3kN/m^2$$

（2）支架模板结构自重。按照本项目盘扣式支架布置形式，每立方米支架自重为 0.7kN/m³，底模调节层支架高 1m，内模支架高 1.5m，主次龙骨及模板荷载为 0.5kN/m²。

$$q=0.7kN/m^3\times2.5m+0.5kN/m^2=2.25kN/m^2$$

4.2.2 活荷载

活荷载主要包括：

（1）施工人员和设备荷载：取 2kN/m²。
（2）倾倒混凝土时产生荷载：取 3kN/m²。
（3）振捣混凝土时产生的荷载：取 2kN/m²。
（4）风荷载：根据项目所在地情况计算出风荷载标准值为 1.7kN/m²。

4.3 荷载组合

根据结构计算验算条目，需要对结构材料的强度、结构材料的刚度和结构本身的稳定性进行验算，其中对结构的强度验算及稳定性验算用荷载设计值进行荷载组合计算，而荷载设计值对于恒荷载需要乘以 1.2 的系数，对于活荷载需要乘以 1.4 的系数［取自《建筑结构荷载规范》（GB 50009—2012）］。对结构的刚度验算用荷载标准值进行荷载组合计算。结构荷载计算时从上到下依次根据传力途径叠加，结构计算同理依次验算，逐步完成结构验算。

4.4 结构内力计算

临时结构中的构件形式多为梁柱形成的框架，经常可以简化为梁单元、柱单元的杆件形式进行分析，本桥所采用钢立柱＋工字钢门洞也如此。其中梁单元的内力计算主要包括梁所受的最大弯曲应力和最大剪切应力，柱单元的内力计算主要包括轴心压应力和稳定性分析。

4.4.1 梁单元计算

本桥所设计钢立柱＋工字钢门洞中的梁式杆件主要有竹胶板底模（简化为 1m 宽的板带按梁单元计算）、方木次龙骨、工字钢主龙骨、门洞工字钢纵梁、钢立柱顶部的钢垫梁以及钢立柱底部的条形基础（简化为倒置的梁，地基反梁法）。其中梁单元的内力计算简化为简支梁进行计算比较保守，因为简支梁的跨中弯矩最大，为此我们能够更为安全的选用材料，并增大了结构的安全储备。

4.4.2 柱单元计算

本门洞支架结构所设计的钢立柱和门洞顶调节层盘扣式支架的立杆可简化为柱单元进行计算，柱单元计算在强度满足要求的情况下，务必校核柱单元的稳定性。在单杆稳定性满足安全条件后还需增加相应措施以增强支架结构的整体稳定性。

柱式杆件的压应力计算公式为 $\sigma=\frac{N}{A}$（表示立轴顶部所受的轴心压力，A 表示立柱的横截面积），柱式杆件的轴心稳定性计算公式为

$$\sigma=\frac{F}{\phi A}$$

式中　ϕ——轴压杆件稳定系数，可查《钢结构设计规范》（GB 50017—2017）得出；
　　　F——柱顶所受的压力；
　　　A——柱的横截面积。

4.5 构件承载能力验算

4.5.1 强度验算

构件的内力计算完成后，用结构在最不利荷载情况产生的内力和结构材料所能承受的最大内力做比较，如果荷载作用下产生的内力小于材料本身所能承受的抗力，即表示结构处于安全状态，这一条件满足即表示材料的强度满足要求。

其中矩形截面梁单元的剪应力计算公式为

$$\tau=3Q/2A$$

式中　Q——杆件横截面上的剪力；
　　　A——结构杆件的横截面积。

工字钢截面梁单元的剪力计算公式为

$$\tau=SV/(It_w)$$

式中　S——构件的中性轴一侧面积对中性轴的惯性矩；
　　　V——构件横截面上的剪力；
　　　I——截面对 z 轴的惯性矩；
　　　t_w——腹板的厚度。

综上将本门洞支架结构所涉及的构件剪切应力验算结果整理见表1。

表1   剪切应力验算结果

部位	材料	材料抗力/MPa	结构内力/MPa	结论
次龙骨	10cm×10cm 方木	13	0.36	满足
主龙骨	14♯工字钢	125	19.48	满足
纵梁	63A 工字钢	125	13.07	满足
垫梁	双拼 25b 工字钢	125	120.03	满足

其中梁式杆件的弯矩计算公式为

$$M = 1/8ql^2$$

式中　q——杆件所受的线荷载；

　　　l——构件的计算跨径。

其弯曲正应力

$$\sigma = M/W$$

式中　W——材料截面抵抗矩，其中矩形截面材料 $W = bh^2/6$，各种型钢材料 W 可以查询《钢结构设计规范》（GB 50017—2017）直接套用。

综上将本门洞支架结构所涉及的构件弯曲正应力验算结果整理见表2。

表2   弯曲正应力验算结果

部位	材料	材料抗力/MPa	结构内力/MPa	结论
底模	15mm 竹胶板	13	2.11	满足
次龙骨	10cm×10cm 方木	13	1.73	满足
主龙骨	14♯工字钢	215	38.14	满足
纵梁	63A 工字钢	215	109.34	满足
垫梁	双拼 25b 工字钢	215	122.67	满足
钢立柱	φ630mm×16mm	215	16.58	满足
条形基础	C30 混凝土 (1m×1m×27m)	14.3	0.26	满足

4.5.2　刚度验算

梁式杆件一般会进行刚度验算即杆件的挠度验算，挠度是指在受力或非均匀温度变化时，杆件轴线在垂直于轴线方向的线位移或板壳中面在垂直于中面方向的线位移，简支梁在均布荷载 q 作用下，其挠度计算公式为

$$y = \frac{5ql^4}{384EI}$$（取自江正荣《建筑施工计算手册》4 版）；

简支梁在跨中集中力 P 作用下，其挠度计算公式为

$$y = \frac{3ql^3}{84EI}$$

式中　EI——梁的抗弯刚度。

综上将本门洞支架结构所涉及的构件刚度验算整理见表3。

表3   跨中挠度验算结果

部位	材料	构件允许挠度值/mm	构件实际挠度值/mm	结论
底模	15mm 竹胶板	0.25	0.017	满足
次龙骨	10cm×10cm 方木	3	0.076	满足
主龙骨	14♯工字钢	3	0.16	满足
纵梁	63A 工字钢	26.25	17	满足
垫梁	双拼 25b 工字钢	7.5	1.28	满足

4.5.3　稳定性验算

轴心受压构件容易发生整体失稳现象，一旦发生便是突然性的连锁反应，往往表现为构件由单杆的稳定状态到不能保持整体的不稳定状态，危害较大。当出现一个很小的干扰力，结构的弯曲变形即迅速增大，结构中出现很大的偏心力，产生很大的弯矩，截面应力增加很多，最终使结构丧失承载能力，施工设计时务必注重稳定性验算并辅以相应措施予以保证。施工中的临时结构一般要合理控制长细比，长细比计算公式为

$$\lambda = l/\gamma$$

式中　l——构件计算长度；

　　　γ——构件回转半径，$\gamma = \sqrt{\dfrac{I}{A}}$；

　　　I——构件截面惯性矩；

　　　A——构件截面面积。

然后根据构件长细比查《钢结构设计规范》（GB 50017—2017）得到构件对应的稳定性系数 φ，再计算立柱的轴向压力 $\sigma = \dfrac{F}{\varphi A}$，此时有构件稳定性系数 φ 的调整，会使轴向压力 σ 得到折减。如果折减过后的轴向压力仍比构件材料本身能够承受的抗力小，即表明结构构件是稳定和安全的。综上将本门洞支架结构所涉及的稳定性验算结果整理见表4。

表4   稳定性验算结果

部位	材料	材料抗力/MPa	折减过后结构内力/MPa	结论
门洞顶支架立杆	Q345 镀锌钢管壁厚 3.5mm	310	222.58	满足
钢立柱	φ630×16mm	215	17.89	满足

4.6　做出结构选型结论

结构的材料参数和实际施工参数确定后，简化出结构简图，利用上述计算公式编写计算书，然后利用软件复合计算书成果，软件可用清华大学的结构力学求解

器、SAP84 或者 MIDAS/Civil。本项目设计应用的钢立柱＋工字钢门洞的相关计算结果已在上文详细列出，理论计算结论满足相关要求，故本方案可行。

本工程利用高速公路作为地基直接承载，既有高速公路的路面基层结构为水泥稳定碎石基层，其承载能力至少大于 2.5MPa，门洞上方桥跨混凝土自重及门洞结构自重经过前期荷载组合后计算值为 1171.26t，即 $F=11712.6$kN，门洞下方单侧条形基础长度为 27m，宽度为 1m，接地面积为 27m²，则 $G=27\text{m}\times1\text{m}\times1\text{m}\times2.5\text{t/m}^3=67.5\text{t}$，即 $G=675$kN。高速公路路面顶部的压应力 $\sigma=\dfrac{F+1.2\times2\times G}{A}=\dfrac{117126+1.2\times2\times675}{27\times2}=246.9$（kPa）$<2500$kPa。因此由门洞支架传递至高速公路顶部的压应力远小于高速公路能承受的压应力，故地基满足结构安全的要求。

5 门洞支架现场施工

新建道路跨越高速公路采取钢立柱＋工字钢门洞保通，辅以盘扣式支架调节梁体曲线。具体的施工步骤如下。

5.1 高速公路交通导改

本项目先封闭南半幅高速公路，通过最近的高速公路岔口将过往车流重新组织到北半幅高速公路，然后在没有交通干扰的南半幅高速公路上施工门洞。后续组织北半幅门洞施工的操作与南半幅门洞施工的操作完全一致。

5.2 施工条形基础

本项目门洞条形基础采用现浇钢筋混凝土条形基础。在施工前需要在基础底部铺设三层防渗土工布，防止浇筑混凝土时的水泥浆渗出污染沥青路面。在钢筋模板工程完成后浇筑混凝土，混凝土初凝前将预埋钢板和预埋螺栓植入条形基础内。待混凝土终凝后拆除侧模板并在条形基础侧面画出黄黑间隔的导流降速标志。

5.3 安放钢管立柱

条形基础达到规定龄期，现场按照回弹仪器测得条形基础混凝土强度达到 10MPa 为控制条件。条件达到后安装连接各钢立柱的斜撑。吊放钢立柱时要严格控制其垂直度，当出现有不垂直的情况时需要在钢立柱底部垫入薄钢片，以达到调整的目的。

5.4 吊放工字钢垫梁

吊放工字钢垫梁之前要对钢立柱顶部进行标高控制，以最高点为整排的控制点，低于控制点的钢立柱需要进行加钢片调整以使整个双平工字钢垫梁顶部平直。吊放后在工字钢垫梁顶部做好工字钢纵梁吊放位置标记，以保证工字钢纵梁的位置准确，间距均匀。

5.5 吊放工字钢纵梁

吊放工字钢纵梁时放置位置应准确，放置完成后立即用粗钢筋斜撑将工字钢纵梁和下方的工字钢垫梁点焊固定。按要求间距布置完成后在工字钢顶部每隔 2.44m 均匀焊接通长钢筋固定整排工字钢（夹角与工字钢垂直成 90°），使其连接成一个整体不发生倾倒。

5.6 铺设门洞顶防落板

在工字钢纵梁顶部满铺 1.22m×2.44m×10mm 的竹胶板作为防落板，模板正好卡位在通长固定钢筋中间不会产生松动和偏移。铺设完成后用透明胶带封住模板间的空隙，防止施工时有杂物掉落，危及行车安全。

5.7 焊接两侧护栏

门洞两侧护栏用 $\phi48$mm×3.5mm 的钢管焊接而成，立柱中心间距 2m，每根高度 1.2m，最下方铺设 0.3m 挡脚板，下横杆离地 0.6m，上横杆离地 1.2m。最后在栏杆外侧挂设一层钢丝网，防止施工时杂物飘洒、滑落至高速公路上危及行车安全。

5.8 搭设调节层盘扣式支架

门洞上方的现浇梁为变截面箱梁，平均断面面积有 18m²，梁体自重较大。施工过程中采用市场上比较主流的盘扣式脚手架作为支架调节层，该种脚手架单根立杆正常情况能够承载 9t（即 90kN）的轴压力，承载能力较普通钢管脚手架强。安拆也较为方便，工人操作时仅需一把榔头即可完成工作，施工过程中严格按照《建筑施工承插盘扣式钢管支架安全技术规程》（JGJ 231—2010）相关规定施工。

5.9 支架预压及变形监测

预压分为支架基础预压和支架预压两部分，支架预压必须在支架基础预压合格的基础上进行。本项目门洞支架预压荷载取支架承受的混凝土结构恒载与模板重量之和的 1.1 倍，加载值按照预压荷载值的 60%、80% 和 100% 三级进行。在纵桥向单跨 12m 长工字钢两端四分点和中间二分点位置布置测点，横桥向在四道腹板底部和三道箱室中部布置测点，单个门洞布置 21 个测点。支架预压操作过程中严格执行《钢管满堂支架预压技术规程》（JGJ/T 194—2009）中的相关规定。现将本项目门洞支架部位根据预压及变形监测原始资料整理得出的数据汇总见表 5，用于设置底模板的预拱度。

本桥 140m 现浇梁段内支架段的预拱度经综合分析确定设置为 13mm，门洞支架中部预拱度经综合分析确定设置为 18mm，整个门洞的预拱度值由门洞中部向两端支架部位按照梁体抛物线方程渐进过渡，以保证梁体线性的衔接顺畅。本桥现浇段在混凝土浇筑完成后未张

表 5 门洞支架段预压及监测数据整理

监测项目 测点位置	弹性变形值 /mm	非弹性变形值 /mm	总沉降值 /mm	拆模后未张拉梁底高程与 设计高程偏差值/mm
北侧 $L/4$ 测点平均值	9.1	3.2	12.3	+3.0
中部 $L/2$ 测点平均值	13.9	4.1	18.0	+2.0
南侧 $L/4$ 测点平均值	8.7	3.4	12.1	+2.0

拉前，梁底实测高程比设计梁底高程略高 2～3mm，高程偏差在允许范围内，梁体张拉完成建立预应力体系后，60m 跨中最大起拱度达 12mm，支座端高程数据无变化，完工后梁体整体线形平顺。

6 结语

晋中市综合通道建设工程 PPP 项目上跨 S60 高速桥梁工程，采用钢立柱＋工字钢门洞组合盘扣式调节层支架，完成与 S60 高速相交区域的现浇梁段施工，经过前期合理的结构设计，恰当的结构选材和中期严密的组织安排下，高质量高标准地完成了现浇梁段的施工，拆除模板后梁体线形顺直，表面色泽均匀无混凝土常见质量缺陷。事实证明：此种布置形式的钢立柱＋工字钢门洞符合本项目的实际需要，这一临时结构设计与施工是成功的，为门洞跨越既有线路浇筑现浇梁体积累了又一成功案例。

浅谈西成客专精密控制测量平面网的复测

王　伟/中国水利水电第十四工程局有限公司

【摘　要】　本文结合西成客专5标精密控制测量平面网CPⅠ、CPⅡ的复测，对复测的原则、实施、技术指标、成果处理及分析做出阐述，对其他各类铁路的控制网布设及复测均有一定的参考价值。

【关键词】　精密控制测量　平面　复测

高速铁路对轨道的平顺度提出了更高的要求，也对测量工作的精度提出了更高的要求。高速铁路的精密控制网作为施工和轨道精调的测量控制网，其精度对后续各项工作的顺利开展至关重要，而定期开展精密控制网的复测是保证控制网精度的必要工作。西成高速铁路由西安北站至成都东站，全长658km，设计的最高速度为250km/h。5标段线路位于陕西省洋县境内，全线正线长度为31.8km，具体起止里程DK152+500～DK184+312.32。该段主要工程为得利（1/2）、福仁山、罗曲、范家嘴隧道、金水河特大桥、酉水河大桥、大龙河大桥。另外有2处路基工程，位于罗曲隧道进出口段，长度共94.7m。本文结合西成客专5标精密控制测量平面网的复测，对复测相关问题进行分析，总结复测全过程的要点，对其他各类铁路的控制网布设及复测均有一定的参考价值。

1　平面网复测原则

根据已有成果资料和精测网应该遵循的"三网合一"的原则，本标精测网交桩复测应采用与中铁一院建网时相同的坐标系统。西成客运专线5标段此次复测的平面坐标系统采用高斯投影平面直角坐标系，为2000国家大地坐标系，椭球（椭球参数为：长半轴 $a=6378137$，扁率 $f=298.257222101$），投影带中央子午线为108°00′、107°22′，投影面大地高分别为735m、485m。

本次复测总体原则是：同精度、同网形、同精度分级复测，复测时对遭到破坏、丢失的点按照原网标准进行补点补埋和测量，经复测，对复测坐标精度不满足《高速铁路工程测量规范》（TB 10601—2009）要求的点进行分析，修正平面点坐标成果，使全线各级平面控制网保持完整。根据现场核查，西成客运专线5标段范围

内有CP0控制点2个，编号为"F053，1376"，桩点保存完好。本标段范围内有CPⅠ控制点6个，点号为"CPⅠ047～CPⅠ052（点号连续）"，除CPⅠ048由于道路扩建施工遭到破坏，对其在原位置附近进行补埋，并对其重新编号为XCPⅠ048，其余各桩点保存完好；本标段范围内有CPⅡ控制点2个，点号为"CPⅡ59-3、CPⅡ59-4"，各桩点均保存完好。

2　平面网施测

本次平面控制网复测需观测本标段内6个CPⅠ点以及联测2个CP0点，2个CPⅡ点，以及联测相邻标段搭接的CPⅠ点各一对。复测投入6台双频徕卡GPS接收机。徕卡GS15主要技术参数为，静态观测水平精度为 $5mm+0.5\times10^{-6}$，垂直精度为 $6mm+0.5\times10^{-6}$。观测前依据规范关于网型和连接数的要求，对本次GPS平面控制网的复测进行基线组网观测的方案设计，并在实际外业观测和内业基线的数据处理过程中严格按照设计的方案执行。

GPS平面控制网复测的构网原则与中铁一院的构网方式相同，采用边联式构网，控制网以大地四边形和三角形为基本图形组成带状网。GPS平面控制网复测实施时，对CPⅠ点、CPⅡ点进行独立构网观测。在CPⅠ控制网复测时，将联测的CP0控制点作为CPⅠ点处理进行CPⅠ的组网观测（当联测CP0站点时，可根据联测基线长度适当延长同步观测时间）；CPⅠ观测满足二等作业要求：卫星高度角不小于15°，有效卫星总数不小于5，时段中任一卫星有效观测时间不小于30min，时段长度不小于90min，观测时段数不小于2，数据采样间隔等于15s，PDOP或GDOP不大于6。在CPⅡ控制网复测时，需联测所有与CPⅡ相邻的CPⅠ控制点，并这些CPⅠ控制点视作CPⅡ点进行CPⅡ的组网观测。

CPⅡ观测满足三等作业要求：卫星高度角不小于15°，有效卫星总数不小于4，时段中任一卫星有效观测时间不小于20min，时段长度不小于60min，观测时段数不小于1~2，数据采样间隔等于15s，PDOP或GDOP不大于8，重复设站为2。

3 平面网复成果处理

3.1 基线检查

复测获取的GPS观测数据需要及时进行观测数据的处理和质量分析，检查其是否符合规范和技术设计要求。原则上，外业观测的当天，应对观测基线进行解算，基线解算不合格时，要分析原因，必要时进行基线的补测和重测。

基线解算合格后，参照与中铁一院相同的方法进行基线的异步环闭合差和重复基线较差检核。由不同时段基线向量边组成的异步基线环坐标分量闭合差应符合下式：

$$V_x \leqslant 3\sqrt{n}\sigma \quad V_y \leqslant 3\sqrt{n}\sigma \quad V_z \leqslant 3\sqrt{n}\sigma \quad V \leqslant 3\sqrt{3n}\sigma$$

同一基线向量边的重复性基线较差应小于$2\sqrt{2}\sigma$。当检查发现观测数据不能满足要求时，应对成果进行全面分析，必要时应补测或重测。上述关于基线异步环和重复基线较差检核项中的σ为相应等级GPS网的中误差精度指标，用下式表示：

$$\sigma = \sqrt{a^2 + (bd)^2}$$

式中 d——以千米为单位的距离值（当进行异步环检核时，d为环平均边长；当进行重复基线较差检核时，d为基线长）；

a、b——GPS网的等级指标，其中a为固定误差系数，b为比例误差系数。

CPⅠ复测网共计重复基线28条，重复基线长度较差最大值为CPⅠ048-1376：$d_s = 27.9056$mm，小于限差$2\sqrt{2}\sigma = 36.2504$mm。

异步环18个，各分量闭合差最大值为环CPⅠ048-1376-CPⅠ054，其中$W_x = -8.9$mm，$W_y = 35.8$mm，$W_z = -46.2$mm，$W_s = 59.12$mm均小于各坐标分量（W_x、W_y、W_z）及全长W_s闭合限差不大于$3\sqrt{n}\sigma = 106.82$mm和不大于$3\sqrt{3n}\sigma = 185.01$mm的要求。

CPⅡ复测网共计重复基线15条，重复基线长度较差最大值为CPⅡ059-4-CPⅠ051：$d_s = 9.8087$mm小于限差$2\sqrt{2}\sigma = 17.0343$mm。

异步环路10个，各分量闭合差最大值为环CPⅡ059-3-CPⅠ051-CPⅠ053，其中$W_x = 13.0$mm，$W_y = -14.20$mm，$W_z = -11.3$mm，$W_s = -22.32$mm均小于各坐标分量（W_x、W_y、W_z）及全长W_s闭合差

限差不大于$3\sqrt{n}\sigma = 29.0$mm和不大于$3\sqrt{n}\sigma = 50.24$mm的要求。

3.2 CPⅠ、CPⅡ基线网平差

当基线解算的各项要求符合规范要求后，方可进行GPS网的整体平差，平差采用武汉大学《科傻GPS数据处理系统》软件。GPS平面控制网采用GPS商业处理软件进行基线解算和平差处理。基线处理时删除观测条件差的时段和观测条件差的卫星不让其参与平差。

CPⅠ、CPⅡ控制网的基线解算完成后，首先在WGS-84椭球下，进行CPⅠ、CPⅡ控制网的空间GPS基线无约束平差，检查基线向量网在无约束平差下获得的基线向量的改正数。CPⅠ、CPⅡ网的无约束平差获得的基线向量的改正数（$V\Delta x$，$V\Delta y$，$V\Delta z$）的绝对值应在规定限差（3σ）之内，对改正数超限的基线边可在满足数据冗余度的前提下剔除掉。CPⅠ控制网约束平差应强制符合到2个CP0点（F053，1376）。在进行CPⅠ约束平差前，应先对公用CPⅠ点进行稳定性检验。CPⅠ网的三维约束平差获得的基线向量的改正数（$V\Delta x$，$V\Delta y$，$V\Delta z$）的绝对值应在规定限差（2σ）之内，对改正数超限的基线边可在满足数据冗余度的前提下剔除掉。CPⅡ控制网约束平差以复测确认为点位稳定的全部CPⅠ点的设计平面坐标为强制约束条件，对CPⅡ基线向量网进行二维约束的联合平差，以获取各CPⅡ点的平面成果坐标。

本次复测CPⅠ、CPⅡ复测网无约束平差中三维基线向量各分量的改正数绝对值全部满足3σ的指标要求。

本次复测从2012年12月8日开始，于12月18日结束，共进行10个工作日。

4 控制网复测评判方法及标准

根据CPⅠ、CPⅡ复测网的异步环、重复基线差和平面坐标精度的统计，首先确认CPⅠ复测网精度满足二等GPS网精度，CPⅡ复测网精度满足三等GPS网精度要求的前提下，进行CPⅠ、CPⅡ控制点复测坐标与设计坐标的比较以及相邻点间坐标差的相对精度比较，当CPⅠ控制点的X、Y坐标差值不大于±20mm，且相邻点间坐标差的相对精度不大于1/130000时，认为设计单位所交CPⅠ控制点精度满足规范要求，当CPⅡ控制点的X、Y坐标差值不大于±15mm，且相邻点间坐标差的相对精度不大于1/80000时，认为设计单位所交CPⅡ控制点精度满足规范要求，且控制点平面位置稳定可靠，在线下工程施工中应采用CPⅠ、CPⅡ控制点设计坐标作为最终成果坐标使用。

CPⅠ、CPⅡ相邻点间坐标差的相对精度按下式计算：

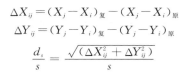

$$\Delta X_{ij} = (X_j - X_i)_{复} - (X_j - X_i)_{原}$$
$$\Delta Y_{ij} = (Y_j - Y_i)_{复} - (Y_j - Y_i)_{原}$$
$$\frac{d_s}{s} = \frac{\sqrt{(\Delta X_{ij}^2 + \Delta Y_{ij}^2)}}{s}$$

式中　$\dfrac{d_s}{s}$——相邻点间坐标差的相对精度；

　　　s——相邻点间的平面距离。

当 CP Ⅰ、CP Ⅱ 控制点的本次复测坐标与设计坐标的比较以及相邻点间坐标差的相对精度比较不能满足上述要求时，应重复进行一次相关 CP Ⅰ、CP Ⅱ 点位的 GPS 组网外业复测。当两次复测的结果相互吻合，坐标较差和相邻点间坐标差的相对精度满足要求，但都

与设计结果比较超限，则应结合相关点与其周围相邻点（通常为前、后相邻点）的距离变化和方位变化来分析、判定点位发生位移的情况。认定 CP Ⅰ 控制点位在平面位置发生位移时，应提请中铁一院对 CP Ⅰ 控制点进行复测，最终 CP Ⅰ 控制点使用坐标应采用设计院复测确认后成果坐标；并作废 CP Ⅰ 控制点原有的设计成果坐标。

根据控制复测成果评判方法及标准，本次复测 CP Ⅰ、CP Ⅱ 复测坐标与设计值较差计算结果见表1，CP Ⅰ、CP Ⅱ 相邻点间坐标差之差的相对精度计算见表2，由表1和表2可知，本次复测成果满足要求，成果合格。

表1　　　　　　　　　　　CP Ⅰ、CP Ⅱ 复测坐标与设计值较差统计

2000 国家大地坐标系基本椭球参数，中央子午线 107°22′

抵偿面正常高 520m，大地高 485m，高程异常－35m

序号	点名	设计坐标		复测坐标		坐标较差比较		限差 /mm	判断
		X/m	Y/m	X/m	Y/m	D_x/mm	D_y/mm		
1	CP Ⅰ 045	3709107.593	556958.6014	3709107.597	556958.6037	3.9	2.3	20	合格
2	CP Ⅰ 046	3708464.820	556740.1312	3708464.824	556740.1319	3.6	0.7	20	合格
3	CP Ⅰ 047－1	3699523.214	545033.1436	3699523.219	545033.1462	5.2	2.6	20	合格
4	CP Ⅰ 048	3700120.249	545318.0969	3700120.254	545318.0978	4.7	0.9	20	合格
5	CP Ⅰ 049－1	3692096.024	533742.862	3692096.026	533742.8651	2.2	3.1	20	合格
6	CP Ⅰ 050	3691655.174	534150.2157	3691655.173	534150.2175	－1.9	1.8	20	合格
7	CP Ⅰ 051	3686140.165	526125.7331	3686140.164	526125.7346	－1.7	1.5	20	合格
8	CP Ⅰ 052	3686718.072	525551.3163	3686718.073	525551.3184	1.2	2.1	20	合格
9	CP Ⅰ 053	3684395.205	523544.4658	3684395.206	523544.4683	0.8	2.5	20	合格
10	CP Ⅰ 054	3683561.412	523520.4828	3683561.412	523520.4828	0	0	20	合格
11	CP Ⅱ 059－3	3684720.543	524083.0584	3684720.545	524083.0629	1.9	4.5	15	合格
12	CP Ⅱ 059－4	3683798.789	523717.8603	3683798.791	523717.8619	1.6	1.6	15	合格

2000 国家大地坐标系基本椭球参数，中央子午线 108°00′

抵偿面正常高 770m，大地高 735m，高程异常－35m

序号	点名	设计坐标		复测坐标		坐标较差比较		限差 /mm	判断
		X/m	Y/m	X/m	Y/m	D_x/mm	D_y/mm		
1	CP Ⅰ 045	3709085.735	498105.4556	3709085.739	498105.458	3.9	2.4	20	合格
2	CP Ⅰ 046	3708444.308	497883.0679	3708444.311	497883.0686	3.6	0.7	20	合格
3	CP Ⅰ 047－1	3699574.142	486121.7105	3699574.147	486121.7131	5.2	2.6	20	合格
4	CP Ⅰ 048	3700169.441	486410.2981	3700169.446	486410.299	4.7	0.9	20	合格

表2　　　　　　　　　　　CP Ⅰ、CP Ⅱ 相邻点间坐标差之差的相对精度统计

起点	终点	边长/m	相对精度	限差	判断
CP Ⅰ 045	CP Ⅰ 046	678.887	1/417037	1/130000	合格
CP Ⅰ 046	CP Ⅰ 047－1	14731.117	1/5930524	1/130000	合格
CP Ⅰ 047－1	CP Ⅰ 048	661.550	1/373334	1/130000	合格

续表

起　点	终　点	边长/m	相对精度	限　差	判　断
CPⅠ048	CPⅠ049－1	14084.539	1/4229381	1/130000	合格
CPⅠ049－1	CPⅠ050	600.240	1/139553	1/130000	合格
CPⅠ050	CPⅠ051	9736.922	1/27005353	1/130000	合格
CPⅠ051	CPⅠ052	814.821	1/275146	1/130000	合格
CPⅠ052	CPⅠ053	3069.716	1/5426542	1/130000	合格
CPⅠ053	CPⅠ054	834.139	1/317782	1/130000	合格
CPⅡ059－3	CPⅡ059－4	991.465	1/340070	1/80000	合格

5　结语

　　本文以西成客运专线5标精密控制测量平面网复测为例，通过对该段平面控制网的复测成果进行分析，认为本次复测方案可行，观测、数据处理方法正确，测量成果各项精度指标均满足《高速铁路工程测量规范》（TB 10601—2009）相关规定，对今后高速铁路或客运专线精密控制测量平面网的复测具有一定的参考价值。

参考文献

［1］　中华人民共和国铁道部．高速铁路工程测量规范：TB 10601—2009．北京：中国铁道出版社，2010.

［2］　中国国家标准化管理委员会．全球定位系统（GPS）测量规范：GB/T 18314—2009．北京：中国标准出版社，2009.

［3］　中华人民共和国铁道部．铁路工程卫星定位测量规范：TB 10054—2010．北京：中国铁道出版社，2010.

盾构近距离侧穿在建矿山法隧道施工技术

【摘　要】　哈尔滨地铁2号线一期工程博物馆站至工人文化宫站区间施工时，盾构进行左线掘进期间需近距离侧穿右线在建矿山法隧道，现场利用对夹持土层注浆预加固、矿山法隧道内架设工字钢井字形支撑、根据监测数据动态调整盾构掘进参数等关键技术，顺利完成了本区间段左右两线的施工任务，工程实践表明，该技术施工简单、安全可靠。

【关键词】　盾构　矿山法隧道　近距离侧穿　隧道加固

1　引言

盾构法和矿山法隧道近接施工一直是地铁工程的一个难点：①先行施工的隧道受后期施工隧道推进影响，受力环境改变、产生位移和变形；②隧道注浆对相邻隧道的挤压作用；③地表沉降量过大；④施工安全性差。国内学者针对这些影响做了大量研究，文献［3］以西安地铁1号线为工程背景，研究了矿山先行，盾构后行情况下引起的地表变形、中间土体应力、围岩塑性区的特征和规律。文献［4］在小净距黄图隧道施工力学研究中，对地铁行车区间与停车线分别使用盾构法和新奥法近接开挖时，矿山法施工的工法研究。文献［5］以南宁轨道交通1号线为研究背景，对盾构-矿山法隧道并行施工的相互扰动进行分析。

随着城市地铁建设规模的扩大，隧道近接施工问题也日渐复杂，加之隧道开挖方式的多样化，近接隧道先后施工顺序的改变，都会对施工方法有不同的要求。本文针对盾构法和矿山法的两条小净距相邻隧道同期施工的问题，提供了一套解决方案，为类似工程提供了技术补充。

2　工程概况

哈尔滨地铁2号线一期工程博物馆站至工人文化宫站区间总长1182.815m，左线采用盾构法施工，右线由于现场工期安排及其他客观条件的限制，采用矿山法＋盾构法结合施工，并在矿山法与盾构法结合部设一处盾构吊出竖井。该区间地处于岗阜状平原地区，地质主要为粉质黏土层，局部为粉砂层，埋深范围7.34～19.2m，地下水位于区间以下1m左右。为保证整体工期，盾构进行左线掘进期间需近距离侧穿右线在建矿山法隧道，隧道间最小间距为3.65m，且矿山法隧道无法安排进行二次衬砌混凝土施工作业。盾构隧道与暗挖隧道交会作业范围见图1。

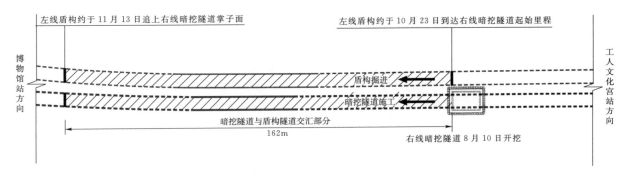

图1　盾构隧道与暗挖隧道交会作业范围示意图

3　总体方案

3.1　方案说明

（1）在矿山法隧道内采用小导管对两隧道之间夹持土体进行注浆加固，并在矿山法隧道内架设井字形型钢支撑对初期支护进行支撑加固。

（2）在地表和矿山法隧道内布设监控量测点，通过监测数据及时反馈，对盾构掘进的推力及扭矩进行控制，及时调整盾构掘进参数，控制同步注浆和二次注浆压力。

3.2　工艺流程图

工艺流程图见图2。

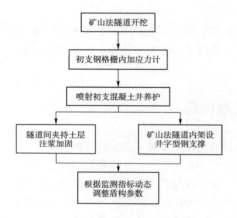

图2　工艺流程图

4　矿山法隧道加固技术

4.1　夹持土层注浆加固

两隧道中间的夹持土层厚度较小，先后收到矿山法隧道开挖和盾构法隧道施工的扰动，稳定性难以保证，并且在地铁运营后，还会受到来自行驶列车产生的振动，夹持土层一旦发生较大位移，将对隧道结构的安全性带来直接破坏。为保证盾构侧穿矿山法毛洞时两隧道的施工安全，以及盾构本身的施工安全，需要对两隧道之间的夹持土体进行注浆加固。

在矿山法隧道初支完成后，由隧道初期支护边墙向两隧道之间夹持土层打设注浆小导管，并注浆，小导管打设长度不得超过盾构掘进的范围，以免影响盾构的掘进。

（1）注浆管预埋。初期支护施工时在边墙上埋设ϕ32钢管，长度根据左右洞隧道净距现场确定，但不得进入盾构掘进范围，每断面设置5根（每根间角度为24°），纵向每隔2m设置一个断面，当初期支护闭合成环长度达3～5m后，即对初期支护背后进行注水泥浆。

（2）注浆。小导管注浆液用强度等级不低于42.5MPa水泥拌制，水灰比为1：0.5～1：0.8，注浆压力不大于0.5MPa。二次注浆浆液采用水泥-水玻璃双液浆（浆液配合比1：1；水泥浆水灰比1：1，水玻璃模数$m=216$，波美度为35Be'），注浆压力为0.3～0.6MPa，每孔注浆量以注浆压力持续快速上升并达到0.5MPa为终止，要求加固后的土体无侧限抗压强度不小于0.4MPa。布孔及注浆范围见夹持土体加固示意图见图3。

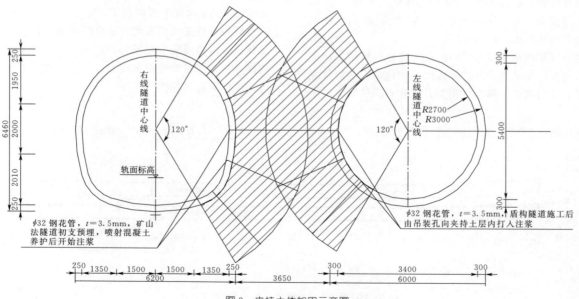

图3　夹持土体加固示意图

4.2 架立井字形型钢支撑

为减少盾构区间盾构掘进施工时，对近接已开挖完成的矿山法隧道的影响，降低盾构近 20000kN 推力对已完矿山法隧道初期支护结构的破坏风险，应在矿山法隧道内采用工 22a 型钢钢架毛洞支护结构进行

加固，加固体系采用井字形，每根横撑设一个固定端和一个活动端，便于施加预应力，上下两道横撑间交叉布置槽钢作为联系加固体系，井字形支撑体系加固见图 4。沿隧道轴线方向间隔 1.5m 布置一道井字形支撑体系，见图 5。相邻支撑间布置槽钢整体拉结加固，见图 6。

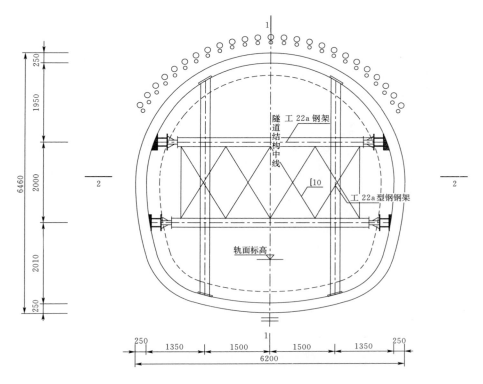

图 4　井字形支撑体系加固图

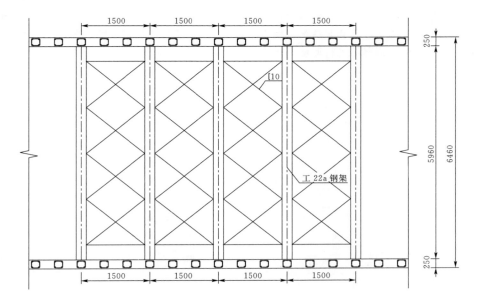

图 5　井字形支撑体系截面图

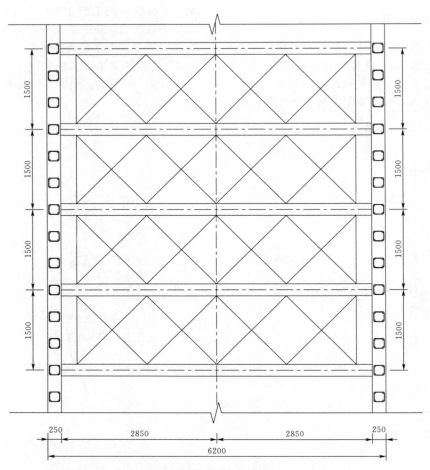

图 6 槽钢整体拉结加固截面图

5 隧道监测点布置

矿山法隧道每次开挖后都需要对预注浆的效果，围岩的自稳性，地下水位，支护的变形和开裂情况、地表及其建筑物的变形、开裂和下沉情况等进行监测。拱顶下沉和初支水平净空收敛每20m布置一个测点；地下管线沉降顺管线方向每5～15m布置一个测点，并在管线接头和位移变化敏感处布置测点；地下水位选代表性地段布置至少2个侧孔。对于土质不良或隧道埋深不足的区域，应适当加密布置监测点。部分监测点的剖面布置见图7。

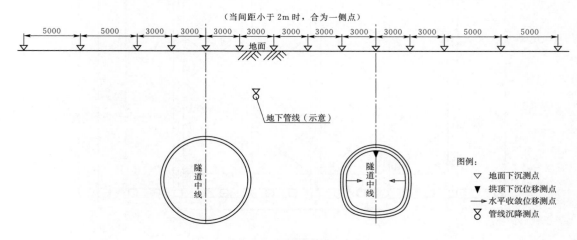

图 7 隧道监测点剖面布置图

根据相关规定，盾构机机头前 10m 和后 20m 范围每天早晚各观测一次，并随施工进度递进；范围之外的监测点每周观测一次，直至稳定。当沉降或隆起超过规定限差（－30/＋10mm）或变化异常时，则加大监测频率和监测范围。

6 盾构掘进参数控制

6.1 土仓压力值

（1）根据盾构推进中经过的地质情况、覆土厚度等情况，初步计算出地层的竖向压力和水平侧向力。

（2）根据隧道所处环境及事故状态，确定地层的水压力。

（3）由于施工存在许多不可预见的因素，施工土压力常常小于原状土体中的静止土压力，因此根据当时的施工条件和施工经验，考虑 0.01～0.02MPa 的压力值作为调整值来修正施工土压力。

（4）根据上述已确定的水平侧向力、地层水压力和施工土压力调整值得出初始土压设定值。

（5）结合地表沉降监测数据，对初始土压设定值进行必要的修正，并根据实际盾构掘进时的状态微调土仓压力。

6.2 出渣量

可以根据隧道断面面积、隧道长度和围岩密度可以初步计算理论出渣量，但考虑到经过的土层松散系数不一致，还需要结合经验和监测数据进行判断。实际操作时，要加强出渣量监控，如果出现了超挖或者欠挖，应及时调整后续注浆量。

6.3 推力和推进速度

掘进速度太慢对土体扰动较大且不利于出渣量的控制，速度过快不利于掌子面的稳定，且易造成土仓压力的不稳定性变化，以及基于经验系数的传统推动力计算模型在确定推力时巨头很大的随机性和不确定性。

盾构机的推力主要由盾构外壳与土体之间的摩擦力、刀盘上的水平推力、切土所需的推力、盾尾与管片之间的摩阻力和后方台车的阻力 5 部分组成；影响盾构机推进速度的主要参数有：刀盘转速、刀盘扭矩、刀具贯入度、土仓渣土压力、总推力、螺旋输送机转速。因此，应根据理论计算值结合实际掘进情况，及时调整掘进速度及推力。

6.4 注浆管理

（1）同步注浆。同步注浆是在盾构推进的同时进行的，主要的作用就是控制地面的沉降和保护隧道，使其不发生位移。通过施工经验和现场试验优化，确定同步

注浆浆液各材料配合比情况见表 1。

表 1　同步注浆浆液各材料配合比情况

P·O42.5水泥 /kg	膨润土 /kg	砂 /kg	水 /kg	外加剂
250	140	1200	401	需要根据试验加入

本项目采用双泵四管路对称同时注浆详见图 8。

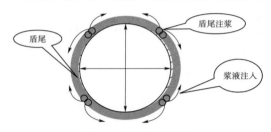

图 8　同步注浆示意图

（2）二次注浆。二次注浆一般在管片与围岩间的空隙充填密实性差，致使隧道变形得不到有效控制或管片衬砌出现渗漏的情况下实施。同时，地表如果出现过大沉陷时可通过二次注浆进行抬升和补强。施工时采用隧道监测信息反馈，结合洞内超声波探测管片衬砌背后有无空洞的方法，综合判断是否需要进行二次注浆。二次注浆浆液的配合比情况见表 2。

表 2　二次注浆浆液各材料配合比情况

浆液 名称	水玻璃	水灰比	稳定剂	减水剂	A、B 液 混合体积比
双液浆	35Be′	0.8～1.0	2%～6%	0～1.5%	1∶1～1∶0.3

7 结语

盾构隧道近距离侧穿在建矿山法隧道是地铁施工中常见的难题之一，保证地面沉降可控、周边建筑物和相邻矿山法隧道的结构安全是处理时的重点。本文以哈尔滨地铁 2 号线一期工程博至工区间为例，利用对夹持土层注浆预加固、矿山法隧道内架设工字钢井字形支撑、根据监测数据动态调整盾构掘进参数等关键技术，顺利完成了本区间段左右两线的施工任务，证明了该技术的有效性，可为类似工程提供参考。

参考文献

［1］傅德明，朱雁飞，等．外滩观光隧道工程［J］．建筑施工，2000（2）：28－38.

［2］周文波，吴惠明．观光隧道盾构叠交施工技术初探［J］．中国市政工程，2002，4（100）：20－23.

［3］廖少明，杨俊龙，等．盾构近距离穿越施工的工作面土压力研究［J］．岩土力学，2005（11）：1727－1730.

［4］ 周文波，胡珉. 隧道叠交施工地层移动的数学模型［J］. 地下工程与隧道，2000（4）：46-50.

［5］ 汪洪星，吴军，等. 盾构-矿山法隧道并行施工的相互扰动分析［J］. 工程地质学报，2017（2）：344-351.

［6］ 林刚. 地铁重叠隧道施工顺序研究［J］. 现代隧道技术，2006，43（6）：23-28.

［7］ 施虎，龚国芳，等. 盾构掘进机推进力计算模型［J］. 浙江大学学报，2011，1（1）：126-131.

浅谈公路工程高质量级配碎石施工及质量控制

王凤侠　李永红/中国水利水电第十一工程局有限公司

【摘　要】 级配碎石作为公路工程基层、底基层材料，在我国一般作为低等级及轻交通道路工程的基层、底基层材料，而高等级公路及重交通工程中半刚性基层应用较多，半刚性基层有良好的强度、刚度、稳定性，但半刚性基层材料的干缩和温缩特性会产生裂缝，对沥青面层形成反射裂缝；级配碎石柔性基层可以防止路面反射裂缝，且价格低廉成本较低，在缺乏建筑材料的地区是很值得推广的，但其缺点是强度较低和塑性变形较大，如级配碎石应用到重交通及高等级公路基层时，则必须高质量的控制级配碎石。本文结合具体工程实例论述高质量级配碎石的施工及质量控制。

【关键词】 公路工程　高质量级配碎石　施工　质量控制

1 工程概况

柬埔寨国家6号公路，设计为一级公路，路面总宽度为25m，双向四车道，其设计为：3m中央分隔带＋2m×2m×3.5m行车道＋2m×3m硬路肩＋2m×1.0m的土路肩，设计时速100km/h，设计标准按中国交通运输部颁发的《公路工程技术标准》中规定的平原微丘区一级公路标准设计，路面结构型式为：2m×16cm砾石土（CBR≥30%）底基层＋1m×20cm级配碎石基层＋4cm AC-16沥青混凝土＋3cm AC-13沥青混凝土。

2 级配碎石基层材料及配合比设计

2.1 原材料选择

粗集料强度、密度和形状直接影响级配碎石的力学性能，级配碎石基层作为路面机构层的主要承载层，由于受到较大应力作用，因而采用高质量的轧制碎石，应坚韧、粗糙、有棱角，并具有足够的强度，细集料应洁净、无风化、无杂质，本工程使用碎石为自己轧制的玄武岩4档集料，分别为16～31.5mm、9.5～19mm、4.75～9.5mm碎石、0～4.75mm石屑四档材料合成。

本工程碎石加工工艺流程为振动喂料机喂料，一破用 ZG-PE-750×1060 颚式破碎机，二破用 CS 圆锥式破碎机，三破用 PF1000×700 反击式破碎机，然后将破碎的石料经过振动筛分档成 16～31.5mm、9.5～19mm、4.75～9.5mm碎石、0～4.75mm石屑，筛网的规格为 32mm、22mm、12mm、6mm，为减少 0～4.75mm石屑中小于0.075mm含量，采用布袋式除尘设备。0～4.75mm石屑中小于0.075mm颗粒含量经检测均不大于20%，符合《公路路面基层施工技术细则》（JTG/T F20—2015）标准要求。16～31.5mm、9.5～19mm、4.75～9.5mm碎石、0～4.75mm生产比例分别为20%、28%、22%、30%，掺配比例为20%、30%、12%、38%，对不足的石屑，采用多余的5～10mm碎石用 HXVSI9526 制砂机磨细，然后将磨细的石料经过6mm的振动筛分，加工的石屑均满足要求，加工能力为100t/h。

级配碎石用粗、细集料质量技术要求及实测值（表1）。

表1　级配碎石用粗、细集料质量技术要求及实测值

指标	石料压碎值/%	表观密度/(g/cm³)	针片状颗粒含量/%	液限/%	塑性指数
技术要求	30	2.500	20%	25	6
实测值	21.8	2.755	14.2	23.8	4.2

2.2 级配碎石的配合比设计及级配选择

影响级配的因素主要有最大粒径及通过 4.75mm 筛、2.36mm 筛、0.6mm 筛、0.075mm 筛含量等，根据《公路沥青路面设计规范》（JTG D50—2006）（附录表 D1）基层 2 号连续级配的要求，将四种集料进行合成级配设计，分别设计粗、中、细 3 种类型的级配，级配范围及合成级配见表 2。

表 2　级配范围及合成级配

集料规格	31.5	26.5	19	16	13.2	9.5	4.75	2.36	1.18	0.6	0.3	0.15	0.075
级配上限	100	100	95	88	82	71	50	40	32	25	20	13	7
级配下限	100	90	75	66	59	46	30	18	13	9	6	3	0
粗	100	94.4	79.7	71.0	63.3	51.4	35.6	23.9	18.3	12.9	9.0	7.1	3.8
中	100	96.2	83.4	74.6	68.3	55.8	39.6	28.3	21.2	16.3	11.6	8.9	5.6
细	100	97.3	85.8	80.8	75.6	61.6	45.3	33.8	26.6	20.5	15.4	10.1	7.0

按照《公路土工试验规程》（JTG E40—2007）进行试验，对以上三种不同级配类型的级配碎石进行闷料进行重型击实试验，得出 3 种级配类型的级配碎石最大干密度及最佳含水率，并在最佳含水率下进行 3 种级配类型进行配料，进行了 CBR 承载比试验，击实最大干密度、最佳含水率及 CBR 试验成果见表 3。

表 3　级配碎石 CBR 承载试验成果

级配类型	最大干密度 /(g/cm³)	最佳含水率 /%	密实度达 98% 时 CBR 值
粗	2.24	5.2	110.6
中	2.31	6.0	180.4
细	2.28	6.8	146.3

通过三组粗、中、细级配类型试验比较，中类型级配曲线具有较高的 CBR 强度，选用中类型级配曲线作为基准配合比。

3 级配碎石基层施工及质量控制

3.1 拌和站调试准备

施工前对拌和站称量设备进行了标定，确保计量准确，拌和质量稳定，产量满足要求。

3.2 下承层准备

首先清除下承层表面杂物和浮土，对下承层洒水湿润，确保基层与底基层之间没有软弱夹层，对下承层的压实度、弯沉、纵断高程、横坡度、宽度、平整度等进行了检查，并经验收合格后，方可进行下一道工序。

3.3 施工放样

恢复道路中桩，设两侧指示边桩，直线段每 20m 设一桩，曲线段每 10m 设一桩；在中桩及边桩边缘外侧 0.4m 打入钢钎支架，钢钎采用刚度大的中 φ16～18 光圆钢筋加工，并配固定架，固定架采用丝扣以便拆卸和调整标高，间距一般为 5～10m。挂上钢丝，进行标高测量，按设计标高和松铺系数（试验段按 1.37 松铺系数）调整钢丝高程，作为纵横坡基线，钢丝直径采用 3mm 钢丝，为保证钢丝紧绷，在两端安装紧线器，摊铺过程中对钢丝绳进行不间断检查。防止钢钎松动、钢丝绳下垂，从而保证基层的纵断高程和横坡度。

3.4 拌和及拌和质量控制

级配碎石混合料采用 WDB500 强制式拌和机集中拌和，配备 2 台 50 装载机供上碎石料。拌和前调试好设备，使其按照试验室提供的配合比电脑控制各种级配料的数量自动计量、自动传输、自动拌和。设备调试应尽量使设备达到额定拌和能力（500t/h），使混合料的配合比符合要求。

试验人员每天开始拌和的前几盘做筛分试验，如有问题及时调整，拌和要均匀，没有粗细颗粒离析现象，级配碎石混合料按规范要求的检测频率进行抽检。

级配碎石含水量应根据当日天气、原材料含水量以及试验段测定的碾压时最佳值进行含水量总体控制。温度高时要考虑到拌和、运输、摊铺等水分的蒸发，可以在拌和时适当增大水量，水量加大值应由拌和出料时含水量和摊铺完成碾压时的含水量最佳值进行对比，损失多少补多少。此外，在拌和前对集料进行含水量检测，加水量应按最佳含水量减去集料含水量进行控制。

3.5 级配碎石运输

（1）装料。级配碎石混合料装车时，为减轻离析现象，装车时分前、后、中三次装料，并安排有专人负责指挥。

（2）运料。运料由 25t 的自卸车运输，并根据摊铺、拌和能力配备足够的运输车辆，运输车辆要保证在摊铺机前面等待卸料的车辆有 3 辆，拌和站等待装料的车辆不少于 3 辆，装车后马上运到施工现场，为减轻在运输过程中产生离析，自卸车运输时采用慢速行驶，自拌好到摊铺时间不宜过长，防止水分散失。如因车辆故障原因超时，混合料不得使用。

（3）卸料。自卸车卸料时，避免碰撞其他机械，应有专人指挥卸料。

3.6 级配碎石摊铺

摊铺采用一台摊铺机摊铺级配碎石，摊铺机传感器搭在两侧基准线上，进行混合料铺筑。

摊铺分半幅施工，先做的一幅中间加宽 30cm，做下一幅时进行纵向接缝处理。

在摊铺过程中，速度以 1.5～2.2m/min 为宜，开始摊铺 5～10m 长时，测量人员立即检测摊铺面标高及横坡，合格后，再继续摊铺。正常施工时，摊铺机每前进 20m，检测级配碎石摊铺顶面标高，检测位置同底基层顶面检测位置，记录下数据，并根据级配碎石底面标高计算出级配碎石松铺厚度及横坡度。同时设专人检测摊铺平整度，不合格时，应及时进行调整。

螺旋搅拌笼两端的混合料高度要保持和送料螺旋同高度和稍低，否则立即停止摊铺，等混合料输送充足后再开始摊铺。摊铺机行走时，先传送混合料，再行走摊铺。

运输车应距离摊铺机料斗 10～30cm 左右停车，由摊铺机前顶靠住运输车后轮，再起斗卸料，并有专人指挥卸料。摊铺机行走时标尺上自然垂落的测平传感器的中心对准级配碎石左右控制边线，以保证摊铺宽度、厚度准确。

摊铺机过桥时依照"路随桥"的基本原则，结合松铺系数对松铺标高进行调整，特别注意新老桥搭接段横坡。

摊铺时及时检测含水率，并通知拌和站加以控制，如果级配碎石混合料含水量较低时，必须先洒水闷料，含水量适宜后，再进行初压，若含水率过高，则需要晾晒，晾晒到试验段测定的碾压时含水量最佳值进行初压。

找补：用断面 5 点桩位拉线，靠尺撒石灰做标记；找补应使用原级配料，不得使用过细集料；对于明显离析的局部区域，用人工撒石粉；找补应在初压静压 1～2 遍后进行，碾压较密实不易找补时，应先勾松，否则易形成薄层推移现象。

在弯道路段先做弯道内侧，以防止出现中桩低陷，在摊铺时提前确认土路肩厚度，特别是弯道超高路段，防止因土路肩过厚而致使钢丝绳无法悬空。在摊铺过程中，注意指示桩（钢钎）的保护。

3.7 级配碎石混合料的碾压

碾压是级配碎石施工的关键环节，对级配碎石成型起到至关重要的作用。达到最佳的碾压效果，由两个方面来控制：第一混合料含水量必须达到最佳的含水量要求。第二碾压设备的吨位和碾压遍数必须要足够。

级配碎石摊铺完 50～100m 后即可碾压，碾压时先用 16t 压路机静压一遍弱振一遍，再用 22t 振动压路机弱振一遍，然后 22t 振动压路机开始强振。直线或不设超高段的平曲线段，由路肩开始向路中心碾压，在设超高的平曲线段从低向高（从边向中）碾压。碾压过程中应将土路肩和级配碎石一起碾压，如路肩过干，应适当洒水。碾压段的前方终点要保证不在同一断面上，每一碾压车道均匀向前错开 1～2m，碾压应遵循先静压后振动、先慢后快的原则，每车道碾压应重叠 1/2 轮宽，后轮必须超过前轮的接缝处，当后轮压完路面全宽时为一遍。碾压一直达到要求的密实度为止。最后用胶轮压路提浆，22t 振动压路机机静压收面，使表面平整，无明显轮迹。第二天进行复压，复压用 22t 振动压路机弱振 2 遍。

压路机碾压速度，头两遍采用 1.5～1.7km/h 时速，以后采用 2.0～2.5km/h 时速。压实作业按照"先边后中，先慢后快、先轻后重"的原则进行碾压，两侧边缘要多压 2～3 遍。在做半幅另半幅未做时，先施工半幅中桩部位加宽 30cm 预留不碾压，以利于接缝和以防碾压时挤料致使中间厚度偏薄。

压路机禁止在已完成或正在碾压的路段上"急调头"和"急刹车"，以保证级配碎石表面不受破坏。

级配碎石基层的碾压俗称"滚浆碾压"，应压至碎石层中无多余的细集料（不大于 0.3mm 颗粒）泛到表面为止。如细集料中出现雍包、弹簧及松散现象，必须挖除，然后再填换新的混合料进行碾压。

摊铺和碾压现场设专人检验，修补缺陷。

首先做到测量员盯在现场，不断检测摊铺和碾压后的标高（左、中、右）及时纠正施工中的偏差。其次做到及时挖除含水量超限点，并换填合格材料。及时用拌和好的石屑对表面偏粗的部位进行精心补救。检测人员应用 3m 直尺逐段丈量平整度，发现异常马上处理。快速检测压实度，压实不足尽快补压。压实度控制时一定要留有余地，尽量多压 1～2 遍。

3.8 接缝处理

（1）纵向缝处理。在前半幅施工时，中间加宽 30～40cm 不进行碾压，做下一幅时，加宽部分级配碎石用平地机垂直切除，然后进行适当补水闷料，跟新做的半幅一起整平和碾压。

（2）横向缝处理。两作业段的衔接处，应搭接拌和。第一段摊铺完成后，留5～8m不进行碾压，第二段施工时，前段留下未压实部分与第二段一起拌和整平后进行碾压，但注意此部分混合料的含水量，含水量较低时，应适当补水，使其含水量达到规定要求。

3.9 养生、防护及交通管制

在当日完成的作业段，应在当天进行洒水，第二天早上进行复压。

路段成型后要及时防护，严禁开放交通，自检验收符合要求后，应尽快施工沥青封层及沥青混凝土面层。

在施工中确实不能封闭交通的，车速应限制在20km/h以内，并进行洒水养护保持表面湿润，以防止表面跑散，应尽快施工沥青封层及沥青混凝土面层，在摊铺、碾压时应禁止重型车辆通行。

4 资源配置

资源配置见表4、表5。

表4　　　　　施工主要机械一览表

机械设备名称	规格型号	单位	数量	性能
拌和站	WDB500	台	1	良好
摊铺机	徐工 RP952	台	1	良好
振动压路机	LG－22t	台	3	良好
平地机	柳工 CLG－420	台	1	良好
胶轮压路机	12t	台	1	良好
振动压路机	16t	台	1	良好
洒水车	18000L	台	2	良好
运输车	陕汽德龙－25t	台	15	良好
铲车	柳工40铲	台	2	良好
发电机	200kW	台	1	良好

表5　　　　　　劳动力配置表

工种名称	人数	备　注
生产负责人	1	负责施工现场的总体管理
技术负责人	1	负责现场技术及施工指导
摊铺负责人	1	负责摊铺机摊铺、控制平整度及松铺厚度检查
试验	2	负责级配、含水率的控制及压实度检测
测量	2	负责施工放样、挂钢丝绳以及标高、横坡、宽度检查
碾压负责人	1	负责记录压路机碾压施工工艺
拌和站负责人	1	负责拌和站维修及出料
安全	1	负责安全标志标牌的摆放及交通管制
机械操作手	30	总体统配
其他工人	20	负责协助本班上述人员的工作
合计	60	

5 试验段总结

在级配碎石基层正式开工之前，进行长度不小于200m的路段铺筑试验段，通过试验段施工，从中总结出级配碎石基层施工工艺流程的可靠参数，为高质量地完成本工程级配碎石基层施工打好基础。

5.1 现场压实度检测数据

15t振动压路机静压2遍，弱振1遍，22t振动压路机弱振1遍，22t振动压路机强振4遍后，检测数据见表6。

表6　　　　干密度检测数据表（1）

检测点桩号	距中桩距离/m	厚度/cm	含水量/%	干密度/(g/cm³)	压实度/%
K127＋320	R－3.0	19.5	5.6	2.31	
K127＋330	R－2.0	19.5	5.5	2.32	

22t振动压路机强振6遍后，检测数据见表7。

表7　　　　干密度检测数据表（2）

检测点桩号	距中桩距离/m	厚度/cm	含水量/%	干密度/(g/cm³)	压实度/%
K127＋320	R－2.5	19.0	5.4	2.41	
K127＋330	R－5.0	19.5	5.3	2.41	
K127＋430	R－3.0	19.5	5.6	2.37	

22t振动压路机强振7遍后，检测数据见表8。

表8　　　　干密度检测数据表（3）

检测点桩号	距中桩距离/m	厚度/cm	含水量/%	干密度/(g/cm³)	压实度/%
K127＋320	R－2.0	19.2	5.2	2.41	
K127＋330	R－3.5	19.5	5.3	2.42	
K127＋430	R－5.0	19.4	5.4	2.38	

7遍强振结束后补水弱振2遍，检测数据见表9。

表9　　　　干密度检测数据表（4）

检测点桩号	距中桩距离/m	厚度/cm	含水量/%	干密度/(g/cm³)	压实度/%
K127＋320	R－1.0	19.6	5.4	2.40	
K127＋330	R－3.0	19.4	5.2	2.41	
K127＋430	R－2.0	20.6	5.5	2.39	

胶轮提浆碾压2遍，检测数据见表10。

表 10　　　　干密度检测数据表（5）

检测点桩号	距中桩距离/m	厚度/cm	含水量/%	干密度/(g/cm³)	压实度/%
K127＋320	R－4.5	19.5	5.3	2.40	
K127＋330	R－1.5	19.5	5.4	2.41	

洒水过夜第二天 22t 压路机弱振 2 遍后，检测数据见表 11。

经以上试验检测数据总结，该级配碎石基层最大干密度采用 2.41g/cm³。含水率控制在试验室击实最佳含水率在－0.3％～－0.8％之间。

表 11　　　　干密度检测数据表（6）

检测点桩号	距中桩距离/m	厚度/cm	含水量/%	干密度/(g/cm³)	压实度/%
K127＋340	R－3.5	19.5	5.8	2.41	
K127＋440	R－4.5	20.0	5.7	2.40	

5.2　松铺系数的确定

根据铺料前下承层高程、铺料后松铺高程、终压后高程求得松铺系数（见表 12）。

表 12　　　　松铺系数测量计算表

桩号	距中央分隔带距离	下承层高程/m	松铺后高程/m	压实后高程/m	松铺厚度/m	压实厚度/m	松铺系数	松铺系数平均值
K127＋320	右1m	12.809	13.082	13.007	0.273	0.198	1.379	
	右5m	12.683	12.959	12.883	0.276	0.200	1.378	
K127＋360	右1m	12.806	13.079	13.004	0.273	0.198	1.379	
	右5m	12.688	12.957	12.883	0.269	0.195	1.383	
K127＋400	右1m	12.826	13.098	13.024	0.272	0.198	1.376	1.380
	右5m	12.712	12.980	12.906	0.268	0.194	1.379	
K127＋440	右1m	12.805	13.080	13.004	0.275	0.199	1.383	
	右5m	12.677	12.954	12.878	0.277	0.201	1.380	
K127＋480	右1m	12.811	13.074	13.001	0.263	0.190	1.383	
	右5m	12.687	12.954	12.881	0.267	0.194	1.378	

5.3　弯沉检查记录

弯沉检查记录见表 13。

表 13　　　　弯沉检查记录

桩号	左轮			右轮		
	初读数	终读数	测定值	初读数	终读数	测定值
K127＋320	140	118	44	119	96	46
K127＋340	149	128	42	69	54	30
K127＋360	67	49	36	142	124	36
K127＋380	89	72	34	128	111	34
K127＋400	113	95	36	52	32	40
K127＋420	132	117	30	70	46	48
K127＋440	80	65	30	97	75	44
K127＋460	140	120	40	101	83	36
K127＋480	76	55	42	120	97	46
K127＋500	55	38	34	136	120	32
弯沉平均值	38.0			弯沉代表值	47.5	

级配碎石基层设计弯沉为 80.6（0.01mm），实测弯沉代表值为 47.5（0.01mm），合格率 100%。

5.4 宽度、平整度、高程、厚度、横坡度检测结果

（1）宽度检测结果：检查 9 个点，9 个点均合格，合格率 100%。

（2）平整度检测结果：检查 20 个点，合格 17 个，合格率 85%。

（3）高程检测结果：检查 18 个点，合格 16 个，合格率 89%。

（4）厚度检测结果：压实度检测时一并检查，检测 10 个点，合格 10 个，合格率 100%。

（5）横坡度检测结果：检测 9 处，合格 9 处，合格率 100%。

5.5 现场混合料取样筛分试验

在检测压实度的同时将试坑内的混合料按上 9cm、下 9cm 分别取样装入塑料袋中密封，回到试验室对混合料的级配、含泥量进行检测。

检测后得出结论：根据混合料筛分结果与试验室配合比对比，可以看出混合料级配曲线整体接近设计曲线，个别稍有差异，表明拌和楼拌和混合料均匀稳定，级配良好，基层压实后混合料整体均匀无离析现象，含泥量符合要求。级配混合料各项指标均符合设计及规范要求，可满足施工要求。

5.6 试验段总结及结论

试验室最大干密度 2.31g/cm³，最佳含水量 6.0%，根据试验段检测数据总结，该级配碎石基层采用试验段最大干密度 2.41g/cm³。

通过对现场级配混合料的摊铺、碾压后高程测定，最终确定松铺系数为 1.380。

结合现场摊铺与碾压效率确定碾压段落长度为 50～80m。

拌和、运输、摊铺、碾压设备匹配情况：级配碎石基层试验段施工，采用 1 台 WDB500 型稳定土拌和机集中拌和，投入 50 型装载机 2 台，徐工 RP952 摊铺机 1 台，20m³ 以上运输车辆 12 辆，15t 振动压路机 1 台，胶轮压路机 1 台，22t 振动压路机 3 台。上述设备经试验段施工验证，设备匹配性较好，能满足正常施工要求。本工区会根据施工运距的长短及时调整运输车辆数量。

碾压工艺：通过对试验段压实施工现场观测与试验数据分析得出的最终碾压工艺如下：

初压：15t 振动压路机静压 2 遍，振动压实 1 遍，碾压速度控制在 2.5km/h 以内。

复压：22t 振动压路机弱振 1 遍，碾压速度控制在 2.5km/h 以内。强振 6 遍，碾压速度控制在 1.8km/h 以内。

补水：对初压、复压后的路段进行补水，避免级配料表面失水松散。

二次复压：22t 振动压路机弱振 2 遍收面。

补水胶轮提浆碾压：对级配料表面进行洒水，确保表面湿润，然后使用胶轮压路机碾压 3 遍，直至级配料表面均匀出浆为止。碾压速度控制在 3.5km/h 以内。

终压：待压施工路段洒水养护一夜后，用 22t 压路机弱振 2 遍。

施工中应严格控制混合料的含水量。应根据情况以喷雾式洒水方法适当洒水后再碾压；如含水量过高，应立即停止碾压，用平地机犁开进行翻晒，待其接近最佳含水量时，再进行碾压。尽可能控制混合料含水量的均匀性，避免忽干忽湿，否则易造成压实度或平整度不满足要求。

基层混合料采用稳定土拌和机进行拌和，开拌前对准备使用集料进行含水量快速测定，以确定是否调整拌和用水量，加水量必须准确，为了保证混合料在最佳含水量压实，根据工程的实际情况，进行补偿混合料在运输、平整、碾压过程中的水分损失。

摊铺是基层施工中的关键工序，摊铺厚度与基层设计厚度有关。松铺系数是摊铺拌和物厚度与压实厚度的比值，它是控制施工质量的重要参数，只有正确的选择松铺系数才能保证基层的压实厚度。

碾压工艺是保证基层压实度及平整度的最关键的环节。正确进行压实作业，遵循"先轻后重，先慢后快"的原则，确保压实度及平整度满足要求。

试验室击实最大干密度偏小，施工时要以试验段最大干密度作为压实度检测标准。

6 结语

级配碎石基层属柔性基层，其特点强度低、抗承载能力小，难以形成挤密-骨架状，路面变形大、易出现疲劳破坏、易出现车辙等缺点。基层质量的优劣将直接影响面层的铺筑质量和道路的使用寿命。严格控制原材料的质量及级配曲线、合理选配性能良好的施工设备、采用最佳的组合方式、正确选择施工方法和施工工艺，是保证基层高质量的重要控制环节。

重视和加强施工过程中的质量控制。采用先进的检测手段，进行现场跟踪监控，才能真正保证工程质量，正确指导施工。成型后的检测已为时太晚，若检测部分段某项指标不合格，处理难度大，既浪费材料，更重要的还要延误工期。

总之，高质量级配碎石在本工程中得到了很好的应用，节约了工程成本，为以后重交通及高等级公路使用级配碎石提供依据。

装配式住宅预制叠合楼板施工技术研究及应用

王志伟/中国水利水电第十二工程局有限公司

【摘　要】　随着工业水平的提高、绿色建造概念的盛行、劳动力结构的转变，住宅产业化成为新的发展趋势，装配式住宅预制构件技术迎来广阔的发展空间。杭州泷悦华府项目采用预制叠合楼板、预制楼梯作为装配式构件，采用了装配结构与现浇结构相结合的技术。本文通过该工程实例，研究预制叠合楼板施工相关技术，并对存在的一些问题提出解决措施。

【关键词】　叠合楼板　深化设计　吊装　绿色施工

1 工程概况

杭州泷悦华府项目建设用地面积为 29556.00m²，总建筑面积为 111013.7m²，其中地上总建筑面积为 70934.4m²，地下总建筑面积为 40079.3m²，容积率 2.4，建筑密度30%，绿化率30%；本项目共16栋单体建筑，地下人防车库整体一层，局部二层，其中高层共 10 栋，16F 有 8 栋，17F 有 2 栋，多层共 6 栋，4F、6F 各 1 栋，7F 有 4 栋。

项目结构体系为装配整体式剪力墙结构、装配整体式框架-剪力墙结构。预制构件使用范围包括±0.000 以上部分楼（屋）面板、楼梯、阳台、空调板，装配率约20%。

2 施工工艺

预制叠合楼板的施工工艺流程为：叠合楼板深化设计→测量放线→排架搭设、墙柱钢筋绑扎→现浇墙、柱、梁模板安装→叠合楼板支撑架搭设及模板安装→预制板吊装→水电预留预埋→梁钢筋、叠合楼板面筋绑扎→墙柱、楼面混凝土浇筑→养护→下一循环。

3 叠合楼板深化设计

3.1 叠合楼板厚度设计

依规范要求，叠合楼板预制板厚不宜小于 60mm，现浇板厚不应小于 60mm。理论上，预制部分越厚，工业化程度越高，对绿色、环保施工越有利。但是，结合现场实际情况，预制板越厚板的重量越大，对运输、吊装要求越高；同时现浇部分板厚需满足钢筋及设备管线排布的厚度需求，且叠合楼板的总厚度不能过厚造成浪费。本项目叠合楼板最终采用 60mm＋70mm 设计，混凝土强度采用 C30。

3.2 预制板与现浇板的连接

为了保证楼板的整体性，预制板内设置了格构式钢桁架。桁架钢筋的作用主要有 3 点：①骨架作用，相当于钢结构加劲肋；②使叠合楼板下部预制部分与上部现浇部分更有效地黏合起来，相当于钢结构栓钉的作用；③叠合面抗剪作用。

3.3 叠合楼板与现浇剪力墙（梁）的连接

为了保证预制板与现浇剪力墙（梁）的有效连接，预制板板端需埋入现浇剪力墙（梁）内 2cm，且板中纵横向分布筋伸出板端至少 5 倍钢筋直径或伸至现浇剪力墙（梁）中心线。

4 吊装工艺

4.1 起吊工具

一般选用塔吊起吊，局部可选用汽车吊。在施工策划阶段布置塔吊时，需重点考虑预制构件的重量及塔吊的覆盖范围，确保后期吊装的顺利进行。

本工程一共安排 8 台塔式起重机，包括 7 台 ZJ6019 和 1 台 ZJ5910，其中，塔吊端部最小吊重为 2.46t 本工程预制板重约 0.8～1.9t 预制楼梯重约 2.2t 各塔吊满足预制构件吊装要求。

4.2 吊装顺序

吊装时，优先吊装楼梯通道周围的楼板，方便材料的转运和人员的出入，同时，尽量从一个方向顺时针或逆时针进行，保证现场有序施工，减少吊装作业风险。见图 1。

4.3 吊装方法

预制板起吊时，要尽可能减小在非预应力方向因自重产生的弯矩，采用预制板吊装梁进行吊装，4 个（或6 个）吊点均匀受力，保证构件平稳吊装。就位时预制板要从上垂直向下安装，在作业层上空 20cm 处略作停顿，施工人员手扶楼板调整方向，将板的边线与墙上的安放位置线对准，注意避免预制板上的预留钢筋与墙体钢筋打架，放下时要停稳慢放，严禁快速猛放，以避免冲击力过大造成板面震折裂缝。

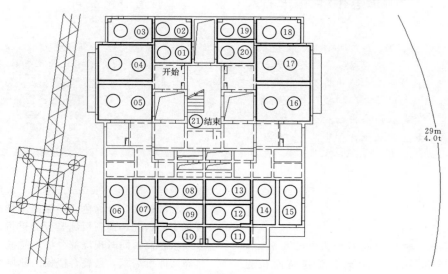

图 1 吊装顺序示意图（逆时针）

5 叠合楼板支撑体系

叠合楼板施工时，预制楼板可作为模板的一部分，减少了模板的使用量，同时，由于预制板的刚度远远大于木模板，普通支模架施工时钢管支撑架纵横间距约1.0m 左右，叠合楼板支撑体系间距可达 1.8m，大大减少了木方、钢管的使用，实现绿色施工。

本工程标准层层高为 3m，预制板典型板宽为3.4m，支撑体系按照竖向支撑立杆间距最大不超过1800mm，距墙体间距在 500～800mm 之间，扫地杆上设置两道水平杆，步距 1500mm，扫地杆距离地面200mm 左右，第二道水平杆距离顶板约为 500mm。

本文仅体现预制板挠度及抗剪强度的验算，验算过程见图 2。

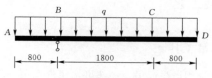

图 2 预制板受力简图

首先，画出受力简图，详见图 2。

根据受力简图，由叠加原理可得各点挠度。

B 点的转角：

$$Q_B = Q_{BQ} + Q_{BM} + Q_{CM}$$

$$= \frac{ql_2^3}{24EI} - \frac{0.5ql_1^2 \cdot l_2}{3EI} - \frac{0.5ql_1^2 \cdot l_2}{6EI}$$

$$= -\frac{0.045q}{EI}$$

中点的挠度：

$$W = W_q + W_{M1} + W_{M2}$$

$$= \frac{5ql_2^4}{384EI} - \frac{0.5ql_1^2 \cdot l_2^2}{16EI} - \frac{0.5ql_1^2 \cdot l_2^2}{16EI}$$

$$= \frac{0.007q}{EI}$$

A 点的挠度：

$$W_A = W_{A1} + W_{A2} = W_{A1} + Q_B \cdot \frac{l_2}{2}$$

$$= \frac{ql_1^4}{8EI} - \left(\frac{ql_1^3}{24EI} - \frac{0.5ql_1^2 \cdot l_2}{3EI} - \frac{0.5ql_1^2 \cdot l_2}{6EI} \right) \times \frac{l_2}{2}$$

$$= \frac{0.0917q}{EI}$$

取 1000mm 长度为一个计算单元，故单位长度上静荷载 $q_1 = 1.0 \times 0.13 \times 2.5 \times 9.8 = 3.185$（kN/m）；

又活荷载为施工荷载标准值与振捣混凝土时产生的

荷载，施工均布荷载标准值为 4.000kN/m²，故活荷载

$$q_2 = (4+2) \times 1.0 = 6 \text{ (kN/m)}$$

故立杆的轴向压力设计值

$$q = 1.2q_1 + 1.4q_2 = 12.22 \text{ (kN/m)}$$

又 C30 混凝土的弹性模量为 $3.0 \times 10^4 \text{N/mm}^2$，而

$$I = \frac{bh^3}{12} = \frac{100 \times 6^3}{12} = 1800 \text{ (cm}^4\text{)}$$

故代入得

$$W = 0.163\text{mm}$$
$$W_A = 2.177\text{mm}$$

而楼板最大允许挠度 $[\nu] = 3400/300 = 11.3$ (mm)；

根据混凝土楼板的最大挠度计算值 2.177mm 小于面板的最大允许挠度 11.3mm，满足要求。

计算预制板的弯矩，画出弯矩简图，见图3。

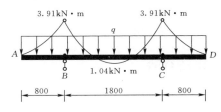

图 3　预制板弯矩简图

最大弯矩 $M = 0.5ql_1^2 = 3.91$kN·m，本工程中墙体的截面为矩形，且

$$w = \frac{bh^2}{6} = \frac{1 \times 0.06^2}{6} = 0.0006 \text{ (m}^3\text{)}$$

故预制板最大应力 $\sigma = \frac{M}{W} = \frac{3.91}{0.0006} = 6.51$ (N/mm²) < 14.3N/mm²

预制板的最大应力计算值为 6.51N/mm² 小于混凝土的抗弯强度设计值 14.3N/mm²，满足要求。

单位截面面积为 $S_总 = 600000$mm²。

混凝土的设计抗剪强度为 2.1MPa，故

$$F_{Qh} = 2.1 \times 60000 = 1.26 \times 10^5 \text{ (N)}$$

加强筋的抗剪强度为 120MPa，截面上平行于板宽方向的钢筋共计 15 根，直径为 8mm，故能够承受的最大剪力

$$F_Q = A \times fv = 15 \times 3.14 \times 4^2 \times 120 = 90.4 \text{ (kN)}$$

而预制板中最大剪力为

$$F_Q = 0.9q = 11\text{kN} < F_{Qh} + F_Q = 216 \text{ (kN)}$$

故预制板抗剪强度满足要求。

6　现场施工问题及改进措施

6.1　问题一

叠合楼板施工时，若采用先绑扎梁钢筋后放预制板的方法时，由于板端支座胡子筋与梁主筋或箍筋的位置冲突，预制板往往无法一步安装到位。受箍筋或其他钢筋影响，再拆除梁主筋已经比较困难，现场通常采用撬

棍安装到位，容易破坏预制楼板，见图4。

图 4　预制板被破坏

改进措施：施工时，采用先放置预制板，再绑扎梁钢筋的方法施工。采用此方法时，绑扎施工要在胡子筋的影响下进行穿筋，增加了钢筋工的绑扎施工难度，但可以确保预制板的质量，保证品质，见图5。

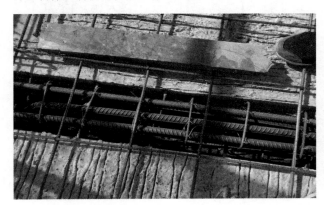

图 5　梁钢筋后绑扎，保证预制板质量

6.2　问题二

由于现场施工时，模板难以做到绝对平整，预制板与模板之间无法紧密结合，现浇混凝土后，板拼缝处易出现漏浆现象，影响楼板观感质量，见图6。

图 6　板拼缝漏浆

改进措施：在模板边缘处贴双面胶，减少漏浆现象产生。

6.3 问题三

预制楼板设计时，未合理考虑现场实际情况，预留孔洞尺寸偏差，导致现场管线无法预埋，只能对预留孔洞进行剔凿，由于混凝土的特性，现场剔凿的预制板容易碎裂，无法保证质量，且剔凿后的碎块不易清理，不仅增加了工序、影响工期，还损坏了预制板，遗留质量隐患，见图7。

图7 预留孔偏小

改进措施：针对现场发生的上述问题，通过及时与专业深化设计单位进行沟通，孔洞预埋根据现场实际情况进行调整，确保后续生产的预制板孔洞预埋符合现场安装要求。

7 产生问题的原因分析及建议

通过对上述叠合楼板施工过程中具有代表性的三项问题的研究与分析，可以发现产生这些问题的原因可以分为三类。第一类是由现场施工工序而造成的问题，可通过调整施工工序进行解决；第二类是由施工方法不当而造成的问题，可通过改进施工方法进行解决。这两种类型的问题均可以通过现场施工技术人员具体问题具体分析加以解决；而第三类问题则不是现场施工技术人员能够单独解决的，也是现场实际发生情况最多的一类，主要是预制构件专业深化设计人员缺少现场施工实际经验，与现场施工脱节而造成。

为了解决上述问题，就需要对整体流程进行改进，由具有丰富现场施工经验并具有总承包管理能力的总包单位作为项目的总协调方，收集并整理现场各分包单位的需求、施工需求以及业主需求，然后与预制构件专业单位深化设计人员进行直接沟通，将各种需求准确传达给设计人员，并对设计图纸进行审核，然后将审核过的图纸交由业主，业主复核后交由总承包单位进行施工。总承包单位作为施工直接负责方，必须能事先了解各方需求，并具有丰富的现场施工经验，如果施工总承包单位具有预制构件深化设计能力，实现设计施工一体化，更能从源头上解决大量问题。同时，可以利用BIM技术，实现预制构件深化设计中的碰撞检测，从预制构件制造、运输、吊装到各专业接口处施工工艺实现全过程模拟，提前解决问题，为预制构件的顺利实施提供必要保证，避免上述问题的出现。

8 施工效益分析

装配式建筑通过减少现场湿作业量，能够避免现场粉尘、泥浆等的污染，实现绿色施工，同时还能在减少现场施工劳动力、缩减现场工序，提高施工效率。杭州泷悦华府项目采用叠合楼板及预制楼梯，装配率为20%，减少了钢筋工、木工、混凝土工等工种的投入，避免了现场施工难度较高的楼梯施工，本项目为单层面积300m² 左右的住宅项目，传统现浇结构正常标准工期为6天一层，本项目为5天一层，实现工期提效16.7%，具有较高的施工效益。

9 结语

（1）预制构件技术的发展，可以实现以机械代替人力资源投入从而降低建筑产品成本，以工业化生产代替手工操作从而提高建筑结构质量。在实际施工过程中，减少了模板、钢管、木方等材料的使用量及建筑垃圾的产生，具有绿色环保的性质，是绿色建筑施工技术的重要组成部分。

（2）随着装配式建筑技术的发展，可实现墙、柱、梁、板全预制，将土建工程转化为安装工程，提高施工效率，同时，可以结合BIM技术进行直观优化，成为时下建筑业重点发展的先进技术，具有广阔的发展前景。

轨道交通地下桩基主动托换施工技术

李 晨/中国电建集团铁路建设有限公司

【摘 要】 桩基托换技术已经在国内各城市地铁施工中广泛采用，其有效地降低了施工成本和减少了拆迁纠纷，但鉴于国内目前主要使用桩基被动托换施工技术，对于主动托换的研究还较为少见，因此本项目的实施对于国内同类项目施工具有一定的指导意义。

【关键词】 下穿建筑物 桩基础主动托换 自动化监控量测

随着我国各大城市交通拥堵现象日益突出，大力发展城市公共交通成为社会各界共识。其中地铁以其运量大、准时、快捷、安全等优势得到城市管理决策部门的普遍青睐，近年来发展十分迅速。

在地铁施工过程中经常需要下穿既有建筑。目前较为常见的应对方式有两种：一种是拆迁安置，另一种是采用桩基托换技术保留既有建筑。前者对居民生活影响较大，且安置程序多，成本较高。而采用桩基托换技术保留既有建筑的方法，不仅程序和配套工作相对简单，成本低廉；而且环保节能，减少了建筑材料的使用及建筑垃圾的产生，节约资源，这和我国建设节约型社会、保持可持续发展的国策具有高度一致性。

由于既有建筑结构型式、地质条件复杂多样，穿越结构部位各不相同，这使得建筑物桩基托换模式和技术特点具有高度的工程个性，建立普遍适用的托换技术非常困难。因此，尽管国内外已有数十年研究应用历史，目前建筑物桩基托换施工技术仍然远未成熟，处于发展阶段。因此，针对具体工程，提出技术先进、安全可靠的托换方法，对于工程本身和托换技术发展，都具有十分重要理论和工程实践意义。

1 桩基被、主动托换概念及原理

所谓的桩基托换技术是指将既有结构荷载传力路线通过托换结构改变的一种技术。从其发展路径及受力特征看可分为两类：被动托换和主动托换。

被动托换的基本思路为：在托换结构施工完成后，直接将原桩截断，原桩荷载通过托换结构转换至新桩。其主要缺陷在于新桩承受荷载后，不可避免将发生部分新的变形，在结构中产生较大的次应力，对原结构有较大影响。

主动托换的基本思路为：在原桩基础切除之前，通过千斤顶加载对新桩进行预压，或对新桩和托换结构施加预压荷载，消除新桩（托换桩）和托换结构的部分变形。在原桩基切割过程中，对新桩和上部结构进行实时监测，将测试得到的变形反馈至千斤顶控制系统，及时消除或减小变形。主动托换通过分级分步实施荷载转移，严格控制新变形的方法，更为有效地保证了原结构的安全。

2 工程概况

某盾构区间左线下穿一栋7层异形框架结构楼房，地面首层为商铺，2～7层为居民住宅。基础为锤击式沉管灌注桩，桩长15m，桩径480mm。基础多为3桩或4桩一承台，建筑物结构平面呈V形不规则形状。区间左线下穿沿线路中线范围约为15m左右，共下穿21根桩基础。区间隧道在该地段埋深约11.8m。

由于楼房部分桩基侵入区间隧道，综合考虑对地下桩基采用主动托换施工方式，以减少盾构施工过程中的房屋沉降。采用7根钻孔灌注桩、3条托换主梁和5条托换次梁，对该楼21条沉管灌注桩和9个承台进行桩基托换作业，见图1。

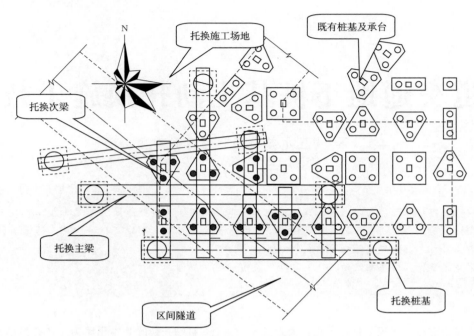

图1 托换施工总平面图

3 桩基托换综合施工技术

3.1 施工总体流程

施工总体流程见图2。

3.2 整体托换体系

整体托换体系见图3。

3.3 地基加固旋喷桩施工

为增强地基承载力并确保盾构开仓截取沉管灌注桩十字钢桩头时的安全，对楼房地基采用600@850的双管旋喷桩加固施工，同时在其外围施工两排600@450的咬合双管旋喷桩，桩底均加固至岩面，深度约为18m。

3.4 钻孔灌注桩

由于部分钻孔桩基位于楼房内部，且楼层高度仅有4m，因此对冲孔设备进行适应性改造以满足现场施工需要，托换体系使用7条直径1.6m的基础桩托住3条主梁及5条次梁。

3.5 托换用主、次梁施工

桩基施工完成后对托换梁施工部位进行土方开挖至地面以下1.7m。主梁采用型钢混凝土，宽1.5m（0.9m），高2m；为使主梁与新桩基较好咬合，待新桩基强度达到预定设计强度后开始凿毛，直至凿出主筋1m左右，然后外扩掰成倒喇叭形状。在新桩基凿出钢

筋部位安装（穿插）钢筋，然后支模浇筑混凝土，并做好养护。

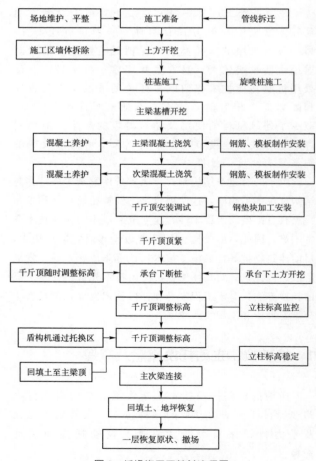

图2 托换施工工艺总流程图

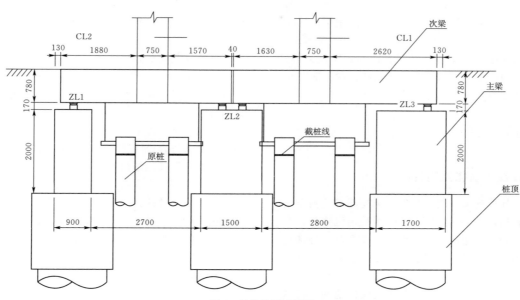

图3 托换体系示意图

次梁采用型钢＋钢筋混凝土，截面高 0.78m，宽 1m。为满足千斤顶顶升调整力的需求，使新浇筑的混凝土与原柱结合牢固，对原立柱混凝土接触面进行凿毛。保护层凿除后，将原柱钢筋与次梁钢筋进行焊接，无法焊接处，在立柱上进行植筋，将植筋与次梁钢筋焊接。用预支 20cm 高木垫块支撑次梁底筋放置高度（预留千斤顶位置），然后立模浇筑混凝土。待混凝土的强度完全达到设计要求，开始安装千斤顶调试顶升设备。

3.6 桩基托换受力转换

受力转换时，在托换主次梁之间设置千斤顶加载，使上部结构的荷载转移到托换主次梁及冲孔桩上，同时使新桩的大部分位移通过千斤顶顶升的预压来抵消，从而通过主动加载实现冲孔桩替代原桩受力。

3.6.1 千斤顶的选用、布置

根据计算该托换工程选用 100t 液压千斤顶，该千斤顶顶升长度 150mm，底座直径 210mm，行程为 40mm。该千斤顶的特点是外侧钢壁有螺旋丝扣，外套钢圈。在调整过程中时刻使千斤顶上的外钢圈与次梁紧密贴紧，防止突发情况发生时引起柱子突然下降。

千斤顶安装时应保证千斤顶的轴线垂直。每个次梁上布置 4 台千斤顶。每个柱子的千斤顶为一组，在单个柱子出现沉降时进行单独调整。

3.6.2 千斤顶预压及预顶升

千斤顶的控制采用 PLC 液压同步控制系统，该系统可以实现力和位移的同步控制；PLC 液压同步控制系统由液压系统（油泵、油缸等）、检测传感器、计算机控制系统等几个部分组成。顶升控制界面中包含了油源压力，位移等数据。液压系统由计算机控制，可以全自动完成同步位移，实现力和位移控制、操作闭锁、过程

显示、故障报警等多种功能。

为使荷载转换到托换桩后的前期沉降量趋于稳定，对托换桩实施预压，即采用逐级增大 10% 油源压力方式加压，预压到理论重力的 100%，同时将该状态保持一定时间，直到监测托换桩的沉降趋于稳定时预压结束。

3.6.3 柱子沉降调整

在桩基进行截断时，原有桩基支承力随即下降，千斤顶上的钢圈与千斤顶同时受力，新桩基受力后会出现沉降，根据静力水准仪和常规水准仪监测的数据，利用液压控制系统控制千斤顶进行沉降调整，当调整至指定位置时，将千斤顶上的钢圈利用人工锁死。

随时收集各个柱子沉降信息，在个别柱子出现沉降时，进行单个柱子的调整。直至每个柱子不再发生沉降为止。

3.7 桩基截断

当新旧桩基完成受力转换后，经监测验证拟切断的障碍桩桩基身轴力接近为零后，待新的托换桩基沉降稳定后采用千斤顶自带机械自锁装置进行锁定。采用静力切割设备对障碍桩进行对称切割。

3.8 封桩

托换工作全部完成、盾构机通过后，按照要求进行监测一定时间后，建筑物无沉降变化时，即可按照设计要求进行主梁与次梁的连接工作，使之成为一个整体结构。

主次梁连接施工：①在主次梁施工时预留连接用的钢筋孔；②按照千斤顶高度进行制作相应高度的钢垫块；③截桩完成后，在保持预顶力稳定不变的情况下，

将千斤顶超顶 1～2mm，将钢垫块放置在主次梁之间；④千斤顶回落，使次梁荷载通过钢垫块传至主梁；⑤将预留钢筋孔内进行注浆；⑥连接点钢筋、模板施工；⑦最后采用微膨胀混凝土进行浇筑，同时预留注浆孔；⑧预留注浆孔内灌注 C35 水泥砂浆填充托换次梁底与主梁连接处之间的空隙，灌浆压力约 1MPa。

4 施工自动化监测

4.1 桩基托换自动化监测目的

由于桩基托换施工可能引起建筑物局部沉降甚至结构的开裂，盾构掘进引起建筑物发生不均匀沉降等，为保证建筑物以及地表路面、地下管线的安全，在桩基托换和盾构掘进施工过程中采用了自动化监测。其目的在于：

（1）通过施工全过程结构位移进行实时监测，将其控制在设计警戒值内，保证被托换建筑物的安全。

（2）通过对施工监测数据的相关分析和信息反馈，掌握托换施工的变形情况，及时修正设计和指导施工，对托换施工过程进行有效的预测和控制，优化施工工序。

（3）通过被托换建筑物长期监测，判断被托换建筑物是否处于安全状态。

4.2 桩基托换沉降控制标准及控制值

根据国标《建筑地基基础设计规范》（GB 50007—2002）及桩基主动托换设备的特点，自动化监测系统单点沉降预警值（控制指标）设定为 2mm，两沉降点之间的沉降差预警值（控制指标）设定为不超过 0.002L（L 为两沉降点水平间距），一旦沉降超预警值，即可通过桩基主动托换控制系统对建筑物沉降进行调整，确保了安全。

该栋建筑物在盾构下穿半年后的监测数据显示，累计沉降值最大点为 −8mm，最大沉降差值为 4mm。所有监测值均满足规范及设计要求，被托换建筑物未出现任何异常。

托换施工过程中，托换主梁端上抬量，托换主梁的挠度，全部符合设计要求。托换梁与被托换柱间未见滑移，托换梁及其他结构均未见裂缝产生。

施工监测结果表明，本次桩基主动托换施工完全符合设计要求，并达到了预期的质量安全效果。本次托换施工的成功为桩基主动托换施工工艺做出了有益的探索并为之今后的发展积累了宝贵的经验。

5 结语

由此可见采用桩基主动托换技术保留既有建筑的方法，成本低，环保节能，减少建筑垃圾量，减少新建材应用量，节约资源，同时针对具体工程，提出技术先进、安全可靠的托换方法，对于工程本身和托换技术发展，都具有重要意义。

参考文献

[1] 陈光. 高架桥桩基础主动托换施工技术及监控 [J]. 交通世界（建养机械），2009（4）：43-45.

[2] 孙伟辉. 桩基托换施工技术及其在深圳地铁中的应用 [J]. 建材与装饰，2007（7）：56-58.

[3] 张海舟. 广州地铁一号线桩基托换施工技术 [J]. 铁道建筑技术，2004（4）：21-22.

浅谈"一带一路"国际合作工程全寿命周期管理

范文斌/中国电建集团国际工程有限公司

【摘　要】 本文简要探讨了，我国企业从主要以承包商的身份响应"走出去"的发展战略到现今的"一带一路"国际合作的新时代，要求对"一带一路"国际合作工程实施全寿命周期管理，以及"一带一路"国际合作工程全寿命周期管理过程的变化和延伸、四个阶段的要点、三大特色，并定形分析、绘制出了"一带一路"国际合作工程全寿命周期管理的新曲线。

【关键词】 国际合作　工程　全寿命周期　融资　契约

从 20 世纪 90 年代开始，我国资本逐渐走出国门。随着我国加入 WTO 以及一些区域自贸协定的签署，我国资本走出去的步伐加快。随着"一带一路"战略的提出，为中国工程企业"走出去"实现国际化带来重大机遇，同时，"一带一路"国际合作的推进将更进一步助力我国资本更快地走出去。

1 "一带一路"新时代

1.1 重心：国际合作

"一带一路"（The Belt and Road，B&R）是"丝绸之路经济带"和"21 世纪海上丝绸之路"的简称，2013年 9 月和 10 月由中国国家主席习近平先后提出建设"新丝绸之路经济带"和"21 世纪海上丝绸之路"的战略构想。

2015 年 3 月 28 日经国务院授权，国家发展改革委、外交部、商务部联合发布了《推动共建丝绸之路经济带和 21 世纪海上丝绸之路的愿景与行动》，这一构想已经引起了国内和相关国家、地区乃至全世界的高度关注和强烈共鸣。

"一带一路"是世界上跨度最大的经济大走廊，也是世界上最具发展潜力的经济带。它贯穿欧亚大陆，东边连接着繁荣的亚太经济圈，西边进入发达的欧洲经济体，中间分布的大多是新兴经济体和发展中国家，沿线覆盖总人口 44 亿人，经济总量约 29 万亿美元，分别占全球的 63% 和 29%。

2019 年 4 月，第二届"一带一路"国际合作高峰论坛在北京举办，从英文译文 The Second Belt and Road Forum for International Cooperation、会议共识、新闻报道、论坛成果等都可以看出重心落在"国际合作"上。

1.2 路径：全寿命周期管理

第二届"一带一路"国际合作高峰论坛会后，各大主流媒体报道了会议共识，"一带一路"是世界机遇，其关键是互联互通、方向是高质量发展、原则是不负人民，而人类命运共同体这一理念贯彻始终，努力实现高标准、惠民生、可持续的目标，不论是项目选择，还是投融资合作，都是参与方共同作出的决策。这就为国际合作工程必须要实现全寿命周期管理提出了明确的要求。

2 全寿命周期管理

2.1 概念理解

全寿命周期管理（life cycle management，LCM），早在 20 世纪 60 年代出现在美国军界，主要用于军队航母、激光制导导弹、先进战斗机等高科技武器的管理上。从 20 世纪 70 年代开始，全寿命周期管理理念被各国广泛应用于交通运输系统、航天科技、国防建设、能源工程等各领域。所谓全寿命周期管理，就是从长期效益出发，应用一系列先进的技术手段和管理方法，统筹规划、建设、生产、运行、维护和退役等各环节，在确保规划合理、工程优质、生产安全、运行可靠、维护保障的前提下，以项目全寿命周期的整体最优作为管理目标。

全寿命周期管理与其他管理理念不同的特点突出表现在，它是全新的工程或项目管理理念，一是整体性和全过程理念；二是信息化和集成化理念；三是同步化和长期性理念。全寿命周期管理要求站在整个工程或项目从形成直到运维全过程的角度，统一管理理念、统一管理目标、统一组织领导、统一管理规则并建立信息化、集成化的与工程或项目同步的长效管理体系。

通用项目全寿命周期，是描述一个确定项目从启动到结束阶段（收尾、培训、移交）所经历的各个明确的时间段，主要分为启动、计划、执行和结束四个阶段。

如图 1 所示，通用项目全寿命周期简图，如果应用到国际工程管理中，显然完全以承包商的角度来进行的项目启动、计划、执行和结束的四个阶段。

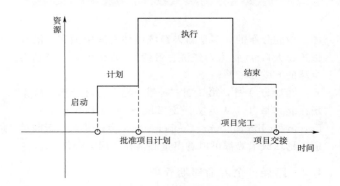

图 1　通用项目全寿命周期简图

《项目管理知识体系指南（PMBOK 指南）（第 6 版）》是美国项目管理协会（PMI）的经典著作，已经成为美国项目管理的国家标准之一，也是当今项目管理知识与实践领域的事实上的世界标准。该书中文简体字版由 PMI 授权在中国出版发行，其内容与第 4 版相比有一定更新，以精辟的语言更新了项目管理 5 大过程组的定义并介绍了项目管理 10 大知识领域与 47 个过程，是项目管理从业人员的极为重要的工具书。有通用项目寿命周期结构特征的描述，成本与人力等资源投入在开始时较低，在项目执行期间达到最高，并在项目快要结束迅速回落。如图 2 所示，忽略了融资落实阶段资源投入情况变化曲线和项目移交后进入工程运行维护阶段同样需要投入适当资源两种情形。

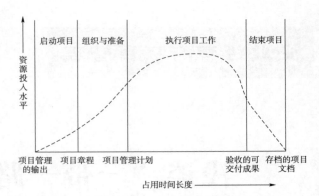

图 2　PMBOK 通用项目寿命周期资源和时间曲线

2.2　新的变化

大约在 20 世纪 90 年代之前，对我国承包商而言，业务主要以低端施工总承包项目和现汇项目（现汇项目包括现货黄金及外汇）为主，缺乏国外大型项目的开发运作、管理运营、风险防范和资源整合的能力，所以，造成了只重视第三阶段的项目实施（执行）阶段的八项管理工作局面，即局限于项目的合同管理、设计管理、分包管理、人力资源管理、财务管理、三标体系管理、进度管理、竣工移交管理八个方面的管理工作，也就众多从业人员片面理解国际工程管理好像就只有这第三阶段的八项管理工作了。第一阶段启动立项阶段多数是政府机构决策，第二阶段计划落实阶段多数是具体负责的政府部门或项目业主自己负责，承包商几乎很少参与，但是，越往后，特别是近年来，随着中国资金投入不断增加，丝路基金、金砖国家开发银行、亚洲基础设施投资银行的建立，国际合作工程的四个阶段已经发生了一些变化。第一阶段已经延伸到了规划立项的更前期内容上，第二阶段变化为融资落实后才进入计划阶段，可命名为融资计划落实阶段。第四个阶段也不再以项目执行结束为标志了，已经转变成协助或者与业主共同进行运营和维护，共享国际合作工程成果阶段。

所以，在"一带一路"国际合作工程中，大部分项目我国参与实体已经不只单一的承包工程，且从一开始就参与到第二阶段协助业主获得融资，已经基本完成转变到第一阶段帮助政府机构做区域或专业规划，做可行性研究、环境评估、社会活动评估等的过程，同时，也在向第四阶段项目运维阶段延伸，这样可以确保工程后续业主能够顺利接收和运营，同时也可以保障我国实体共享国际合作工程成果，或者我国投资的稳定收益，比如现在正在兴起的 PPP 项目管理（开发）模式，业主和承包商的参与几乎涵盖上面四个阶段。

2.3　新的时间-资源曲线

国际合作工程全寿命周期管理模式将上面四个阶段，通过集成化和统一化形成一个新的管理系统。集成化主要是指在管理理念、管理思想、管理目标、管理组织、管理方法和管理手段等方面的有机集成，并不是四个独立子系统的简单叠加。而统一化是指管理语言和管理规则的统一，以及管理信息系统的集成化。工程全寿命管理的目标是整个国际合作全过程的目标，它不仅要反映建设期的目标，还要反映项目运营期的目标，是两个目标的有机统一和成果共享。

如图3所示，笔者通过定形分析，绘制出了"一带一路"国际合作工程在完整的全寿命周期里四个阶段的时间-资源关系曲线。

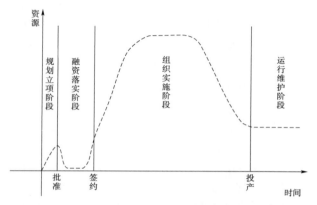

图3　国际合作工程全寿命周期时间-资源关系曲线图

2.4　新的四个阶段

在新形势下，按照整个国际合作工程的发展形成全过程来划分，国际合作工程管理新的四个阶段已经延伸和拓展为：

（1）第一阶段：规划立项阶段（plan and development stage）。由一国政府工作报告，经济发展规划，或者有独立自治权的地方政府发展规划，或者政治运动，如选举、首脑峰会、高层论坛等，首先提出为了满足政治、经济等规划需要的能源、交通、城市、工业等计划的基础设施建设，然后，再由具体负责的政府部门落实到具体工程上，从而，提出了最基本的项目类型、名称、地址、规模等。例如，中老铁路项目，最初是在1995年第五届东盟国家会议上多国政府官员提出修建"泛亚铁路"工程概念，后来，经多国部长级多次会谈磋商才确定下来。

这个阶段主要包括规划、立项、论证、审批四个主要流程。

这个阶段主要投入是前期政府工作报告和经济规划报告，以及后来的勘察、可行性研究报告、环境保护和社会影响等评估的人工成本。

（2）第二阶段：融资落实阶段（financing implementation stage）。融资是工程业主为各项目的资金筹集的行为与过程，分为直接融资和间接融资。一般采用间接融资，主要包括制定融资计划、选择融资模式、进行

融资谈判、签订贷款协议、配合金融机构为各项目各阶段放贷款准备和提交所需的材料、批文以及放贷、贷后管理等。

这个阶段应该几乎没有投入，仍然是前一阶段的投入，甚至有可能要持续到融资阶段结束一段时间里，进行工程各项目的进场准备工作。

（3）第三阶段：组织实施阶段（mobilization and implementation stage）。这一阶段就是通常意义的工程各具体项目管理范畴。融资落实后，由签约承包商来实施项目。承包商在实施过程中不断地投入人力、物力、财务和技术手段，自然而然就需要有专业化团队来对这些投入实施精细化管理，才能实现承包商的效益诉求，即一定要做好合同管理、设计管理、分包管理、人力资源管理、财务管理、HSE管理、质量进度管理、竣工移交管理八个方面的管理工作。

在工程各项目实施阶段，按照正常项目实施、管理、投入，这个阶段几乎没有变化。

（4）第四阶段：运行维护阶段（operation and maintenance stage）。不同类型工程的后续运营、维护和保养要求不同，在运维阶段就由承包商和业主共同承担责任，合同有明确的界定条款，对于后续运营和维保的要求按照参与深度大致分以下三类：

1）第一类参与经营（SPB）。承包商以投资（参股）方式参与工程经营，把承包商的利益与工程质量和效益进行捆绑，主要适用于生产型的资源、能源开发工程。

2）第二类参与运营（PO）。承包商参与工程后续运营管理，只有在工程进入稳定运行、业主全部接管并能独立运营后方可退出运营管理，主要适用于收费类基础设施工程。

3）第三类仅参与指导维护保养（PSM&O）。承包商参与工程后续维护保养，在当地设立分公司或办事机构，雇用专门技术人员对建成投产工程进行巡查、回访，提供维保技术指导，供应零配件及易损件。主要适用类型为不具备收费可能的大型基础设施建设和大宗机电产品及成套设备出口工程项目。可单独签订合同。

这个阶段是工程各项目实施完成后的延续，一直有投入，才能确保各项目正常运转、产出。这个阶段的投入有可能比前期规划立项阶段投入更高，也有可能更低，取决于国际合作工程的类型。而且，这个阶段持续时间最长，大多数的时间可超过前面三个阶段总时间的10倍以上。

3　实例分享

为了更好地理解上述各阶段的具体内容，介绍一个实例：老挝南俄山电站工程，总装机容量480MW，占2008年年底老挝国家电网总装机容量的18%左右，投资额预计达到9亿～12亿美元。下面简要回顾一下工程

从规划立项到开工各签约利益方参与的全过程。

2009年上半年，中国水利水电设计院根据老挝国家经济发展规划，做出了针对老挝及其周边国家电力现状和发展的规划分析报告，分析了远景年份的电力市场空间，从而为南俄山电站工程的立项、可研、审批打下了基础。

2010年年底，老挝政府决定由其与老挝、日本、泰国公司四方共同投资开发建设南俄山水电工程，后因资金来源未落实和进展缓慢，老挝政府于2013年4月终止了原开发协议。

2013年6月，老挝公司与中国公司签订联合开发协议，工程重新开始进入融资阶段。中国公司参与，先后选择过中国政府的优惠贷款、优买、承包商小比例投资、普通商业贷款等模式。借着2015年3月，国家发改委等部委联合发布的"一带一路"国际合作标志性文件的东风，中国公司和老挝公司，在老挝财政部的支持下与中国专业银行签订了使用普通商业贷款的贷款协议，成为中老两国"一带一路"国际合作重点工程之一。

2015年6月，老挝南俄山电站工程正式开工建设。目前工程正在顺利建设中，计划于2021年9月建成投产发电，年平均发电量23.45亿kW·h。该电站建成后将大幅提高老挝的发电能力，为发展国内经济和改善老百姓生活做出显著贡献。老挝南俄山电站投产发电后，中国公司将与业主共同运行20年。

按照中国专业银行与老挝财政部贷款担保协议，老挝南俄山电站工程借款期限为6年，还款期限为20年。也就是说，该电站工程建设期限为6年，建成后经过中国公司将与业主共同运行20年才能收回投资。在时间-资源曲线（图3）上，这个时间就长达26年以及工程续约期限的全寿命周期。

4 国际合作工程管理三大特色

通用项目管理的六要素是目标、范围、组织、时间、质量、成本。由于工程是由一个或者一个以上的项目组成的，因而，工程管理的六要素可以理解为上述六要素的累加。

国际合作工程管理的六要素，已经因为前述的四个阶段的新的变化，被赋予了新的内容和特点。这里简述三大特色：完整组织、灵活模式、长时效的。

4.1 国际合作工程管理的完整组织

国际合作工程管理的组织，可以是一个工程项目，也可以是多个工程项目，还可以包括与工程相关的利益方和实体，即可以是政府部门，金融机构，社会团体，也可以是股份公司，私人企业等，只要是签约相关利益方，都有权利、义务和责任管理好项目，不应仅仅站在

承包商立场理解为（项目经理部）是临时性、柔性、扁平化的组织。

4.2 国际合作工程管理的灵活模式

国际合作工程管理的模式，是一种或两种以上项目管理模式的有机结合。在项目管理形成的近百年时间里，逐步形成了许多成熟的项目管理模式，其中包括DB、DBB、EPC、CM、MC、PMC、PM、再加上融资F模式以及近年来新出现的一些注重伙伴协作的模式，包括Partnering模式、PPP模式、动态联盟模式和PC模式等。可以说每一种项目管理模式都有优势和缺陷，只有在不同阶段采用适宜的模式才能达到最佳的目标。一个工程从规划开始可能只用一种模式，也可能两种以上，只不过是用在不同阶段而已。

4.3 国际合作工程管理是长时效的

国际合作工程管理的时效是工程全寿命周期。构成工程的一个或者一个以上的项目从概念规划到成功实现所经过的各个阶段，各项目的性质在每个阶段都会发生变化。国际合作工程全寿命管理应对多个项目的全过程进行管理，即从项目的规划阶段、融资阶段、实施阶段、直至运维阶段进行管理。它具有如下特点：是一个持续时间长的系统工程，贯穿于建设各项目的全过程，并在不同的阶段具有不同的特点，参与主体众多，并相互联系、相互制约。

5 国际合作工程成功的双标志

国际合作工程成功的标志，并不是传统意义上的完成各个项目验收、收到各项目回款，或者从各项目中获得多少利润等。这只是从承包商的角度定义的一个个项目的完成。对国际合作工程而言，成功必须满足所有契约要求，可以归纳为如下两个标志：

（1）各签约利益方表示满意，效益或成果按契约共享。

（2）负面影响或冲突化解到可接受程度。

上述二者缺一不可。

6 结论

在"一带一路"国际合作大背景下，国际合作工程管理已经全面升级为全寿命周期的管理模式，从而才能保障合作各方的利益，才能实现把各种负面影响或冲突化解到可接受的程度，才符合我国"一带一路"国际合作提倡的共赢、共同发展的目标。

参考文献

［1］ ［美］Project Management Institute. 项目管理知识

体系指南（PMBOK®指南）［M］. 6 版. 北京：电子工业出版社，2019.

［2］ 李志刚，等. 浅谈国际工程前期工作的重要性［J］. 水利水电施工，2018（5）.

［3］ 李亚春. 浅谈国有企业全生命周期资产绩效管理［J］. 国际工程与劳务，2019（3）.

［4］ 张心林. 项目融资促进"一带一路"建设高质量发展［J］. 国际工程与劳务，2019（4）.

［5］ 王世玉. 机遇与挑战并存，"一带一路"何以实现国际共赢?［J］. 中国对外贸易，2017（6）.

［6］ 左斌，等. "一带一路"项目前期开发技术手册［M］. 北京：中国建筑工业出版社，2016.

［7］ 张文焕，等. 关于建设项目全寿命周期管理的探讨［J］. 内蒙古建筑职业技术学院学报，2008，9（3）.

［8］ 吴志超. 建设工程项目全寿命周期系统化管理之研究［J］. 基建优化，2004，25（1）.

［9］ 中国对外工程承包商会等合编. "一带一路"投资与建设文集［M］. 北京：中国商务印务馆，2017.

［10］ 周啸东. "一带一路"大实践——中国工程企业"走出去"经验与教训［M］. 北京：机械工业出版社，2016.

［11］ 温灏和，沈继奔. "一带一路"投融资模式与合作机制的政策思考［J］. 宏观经济管理，2019（1）.

［12］ 张远鹏. "一带一路"与以我为主的新型全球价值链构建［J］. 世界经济与政治论坛，2017（6）.

［13］ 赵海军. 国际工程管理概论［M］. 哈尔滨：哈尔滨工业大学出版社，2017.

［14］ 张稚华，等. 国际工程投资策划［M］. 北京：中国建筑工业出版社，2018.

［15］ 刘尔烈. 国际工程管理概论［M］. 天津：天津大学出版社出版，2018.

［16］ 陈杰，等. 大型水利建设项目全寿命周期管理目标体系初探［J］. 水利发展研究，2017（6）.

对我国可再生能源投资发展的几点思考

刘小华/中国电力建设集团有限公司总部

【摘　要】 近年来，我国电力生产能力呈现出供给过剩的情况。文章通过可再生能源面临的新形势与呈现的新特点，分析可再生能源投资发展面临的机遇和挑战，并提出新形势下应对行业发展的几点措施和建议。

【关键词】 可再生能源　投资　创新与融合

我国当前电力生产能力呈现出供给全面过剩的情况，且电力供给能力过剩的形势将成为近期的常态。随着风电、光伏投资成本的下降、国家补贴压力的增加、同等条件下与火电、水电等展开竞争的加剧，未来风、光电的开发必然要逐步完成"去补贴"，采用常规方式开发风电和光伏发电项目将面临越来越大的挑战和压力。结合可再生能源产业面临的新形势与所呈现的新特点，可再生能源业务要发展，只有走创新与融合之路，在业务发展领域要"创新"，在开发模式方面要"融合"。

1 可再生能源行业发展总体情况

可再生能源主要指自然界中可循环再生的能源类型，主要包括水能、风能、太阳能、生物质能、地热能、海洋能等。当前发展可再生能源是全球能源的重要发展方向，无论发达国家还是发展中国家，都将发展可再生能源作为应对能源安全和气候变化双重挑战的重要手段。

截至 2018 年年底，我国可再生能源发电装机达到 7.28 亿 kW，同比增长 12%；其中，水电装机 3.52 亿 kW、风电装机 1.84 亿 kW、光伏发电装机 1.74 亿 kW、生物质发电装机 1781 万 kW，分别同比增长 2.5%、12.4%、34% 和 20.7%。可再生能源发电装机约占全部电力装机的 38.3%，同比上升 1.7 个百分点，可再生能源的清洁能源替代作用日益凸显。

截至 2018 年年底，全国电力市场交易电量（含发电权交易电量）合计为 20654 亿 kW·h（来源于中电联电力交易信息共享平台数据），同比增长 26.5%，市场交易电量占全社会用电量（即全社会用电量市场化率）比重为 30.2%，较上年提高 4.3 个百分点，市场交易电量占电网企业销售电量比重为 37.1%。大型发电集团（指参加中电联电力交易信息共享平台的 11 家中央及地方大型发电企业集团）合计市场交易电量 13713 亿 kW·h（不含发电权交易），同比增长 26.4%，占大型发电集团合计上网电量的比重为 37.5%，较上年提高 4.5 个百分点。

截至 2018 年年底，大型发电集团风电机组累计上网电量 1842 亿 kW·h，较上年增加 461 亿 kW·h，占其合计上网电量的 5%；风电市场交易电量 395 亿 kW·h，风电上网电量市场化率为 21.4%，交易规模同上年相近，其中跨区跨省交易电量约 164 亿 kW·h，较上年增加 60 亿 kW·h，占风电市场交易电量的比重为 41.5%。平均市场交易电价 0.4295 元/(kW·h)，较上网电量平均标杆电价降低 0.0982 元/(kW·h)。

截至 2018 年年底，大型发电集团光伏发电累计上网电量 328 亿 kW·h，较上年增加 145 亿 kW·h，占其合计上网电量的 0.9%；市场交易电量 87 亿 kW·h，较上年增加 35 亿 kW·h，光伏发电上网电量市场化率为 26.6%，较上年提高 2 个百分点，其中跨区跨省交易电量 19.6 亿 kW·h，占光伏发电市场交易电量的比重为 22.5%。平均市场交易电价 0.7731 元/(kW·h)，较上网电量平均标杆电价降低 0.0622 元/(kW·h)。

2 可再生能源行业呈现的特点

2.1 装机容量持续增长，增速进一步走缓

我国可再生能源商业化应用自 2005 年起步，已实现连续多年的持续增长，非水可再生能源装机规模已近 4 亿 kW，年均复合增长率接近 28%，是所有电源中增长最为迅猛的电源形式，在电源结构中也从补充电源逐步成长为重要的主力电源，是我国优化电源构成，改善能源结构的重要组成部分，是我国实现低碳绿色发展的

重要途径。

在可再生能源装机容量持续保持增长的同时，行业增速却在进一步趋缓，行业装机规模已进入平稳增长期。一方面，行业持续发展，装机规模持续增大，增速减缓是发展必然趋势；另一方面，行业发展面临复杂的非技术性因素影响，政策频繁调整等，这些因素都影响了项目推进进度，进而导致行业增速走缓。

2.2 利用水平不断提高，弃风、弃光逐步好转

近年来，随着国家通过加强宏观调控、完善电网网架结构、疏通调度运行关系、撮合省间可再生能源电力市场化交易等手段和措施，可再生能源弃风、弃光、弃水情况持续性出现好转。在可再生能源装机持续增长的情况下，弃风、弃光率出现较大幅度的下降，尤其是2017年、2018年，除部分装机高度集中、规模体量庞大的地区外，其他地区弃风、弃光水平已基本达到相对合理水平。光伏发电、风电等可再生能源装机规模持续扩大，利用水平不断提高，特别是难解决的弃光、弃风限电情况有所好转。

2.3 技术持续进步，系统成本小幅走低

我国现已成为全球最大的可再生能源主设备产出国，全球半数以上的风电主机、八成以上的光伏组件生产制造来自于中国，形成了较为完整的产业体系。风能利用效率及商用光伏电池转换效率均处于领先水平，尤其是在大叶轮低风速风电主机及晶硅高效组件应用方面，技术的持续进步为可再生能源规模化、市场化应用奠定了良好的基础，技术的持续进步拓展了资源利用的边际，扩大了潜在市场规模。

随着我国可再生能源产业市场规模不断地增大以及行业技术的持续进步，可再生能源主设备造价也同步持续下行，现供应链及原材料价格成为影响主设备造价的主因，其他技术性成本已基本达到成本边际上限，已无明显优化空间。虽然可再生能源主设备价格出现了显著的下降，但伴随着我国加强生态文明社会及法治社会的建设，可再生能源系统造价中非技术性成本总体呈现上升趋势。一方面，系统造价中QHSE预算费用普遍低于实际行业管理要求，而且行政管理部门标准仍在走高；另一方面，征地工作开展阻力持续增加，而且有进一步恶化的趋势，各地补偿标准已基本形同虚设。

2.4 电价"退坡"、电量市场化交易成为常态

根据《中共中央国务院关于推进价格机制改革的若干意见》（中发〔2015〕28号）及《国家发展改革委关于全面深化价格机制改革的意见》（发改价格〔2017〕1941号）有关精神，逐步摸索可再生能源发电成本、缓解国家补贴压力，形成有利于行业健康发展的可再生能源发电上网价格及价格形成机制是"十三五"规划期间

行业重要任务，经过多批次特许权招标及国家示范项目确定的现阶段国家分区上网标杆电价极大地促进了风、光电现有装机的持续增长，对行业发展贡献巨大。因2008年金融危机导致国际大宗商品出现一轮急跌，同时叠加多年技术沉淀带来的机组性能提升，可再生能源系统造价出现了一轮较大幅度的下降，使这一阶段投资的可再生能源项目成为"拿着补贴的'高'收益"项目，这一阶段同时也成为国家启动风、光电"补贴"削减的"时间窗口"。此外，行业发展多年形成完整的行业规模也是一个主因，现有规模已造成国家补贴压力剧增，若持续现有增速可能对国家公信力带来伤害，"补贴"退坡势在必行。经过近三年的准备，现已明确光伏发电采取指导价，光伏标杆电价已退出历史舞台，风电（含海上）、光热、生物质直燃等也即将迎来新电价规则，公开市场竞争配置与对标火电脱硫标杆是两大方案。

自"三北"地区出现大规模可再生能源限电起，"三北"地区电量参与市场化交易的情况就已出现，加之本区域内受全球金融危机影响，电力需求持续减弱，跨区电量交易已经成为重要的消纳途径，受端电力市场承受力直接反作用送端电源，风、光、水、火同场"竞技"已是常态。

3 新形势下可再生能源行业发展的几点思考

3.1 积极应对竞争性配置与平价上网申报

竞争性配置建设容量指标及平价上网项目申报是将来一段时间内行业发展的主要方式，平价上网将逐步成为主流，竞争性配置现阶段主要是一种过渡。平价上网目前所参照的火电脱硫标杆，参照系相对明确，结合我国各资源分区情况以及对应地区电力负荷、电量平衡情况，具备较好平价上网条件的风电地区主要集中在Ⅲ、Ⅳ类地区内的山东、河南、冀北、江苏及安徽北部等资源较好地区的风电项目，湖南、广西等局部资源、建设边界清晰、造价成本可控的风带内项目，东北三省及蒙东地区主要是电力接入及电量平衡条件较好的地区。

就光伏项目而言，竞争性配置与平价上网可能长期并存，这一结果主要是由行业投资主体构成决定的，大量已建但尚未完善手续的项目待市场消化，此类电站未来可能会突破火电脱硫标杆电价这一底线，一旦突破火电脱硫标杆，光伏行业有可能会出现短暂的"踩踏"，而光伏行业技术及非技术边界成本均无法承担如此低价，因此，短期之内仍未明确补贴的集中式光伏存在一定的风险。

3.2 大力推进分散式接入风电

分散式接入风电项目自2011年启动，起初是引导

风电发展结合电力消纳减轻弃风、向中东部、南方地区转移，初步达到了区域热点的转移，但开发方式仍是集中式、整装开发。但随着风电装机持续增加，现有网架结果已不足以资源富集地区进行规模化，因此，风电开发方式必然离散化，"离散化"小规模风、光电项目将会成为投资开发的重点。从国家目前风电建设管理办法（征求意见中）看，分散式接入风电有可能会继续保留风电上网标杆电价。除此以外，全额上网与市场化交易两种分散式接入风电将并行推进，这些外部条件都预示着分散式接入风电将成为焦点，优质资源已成竞争热点。

与分散式接入风电相同，扶贫光伏也是在政策保留了资源分区标杆电价的光伏开发方式，但根据国家光伏扶贫有关要求，作为社会资本投资光伏扶贫已经受到限制，投资模式可能主要以 PPP、BT、BOT，光伏扶贫项目普遍自身不具备偿付能力，存在较大不确定性。

3.3 发挥营销优势，争取优质资源

我国海上风电发展与政策相关，已走过了环境营造、萌芽示范、快速发展三个阶段，目前即将进入全面加速发展阶段。"十三五"规划期间海上风电投资明显加速，海上风电全面启动，已连续三年实现 100% 增长，成为全球海上风电最活跃的市场。

海上风电技术进步直接带动海上风电建造成本下降，同时，经过多年近海风电运行维护的积累，运行维护成本也更清晰，投资收益前景可观。

由于海上风电集约化开发特制，普遍单体项目容量较大，投资体量，项目牵涉的利益方多，因此，目前我国海上风电主要投资商均开展集团高层营销，区域资源锁定、集中连片开发的模式。

我国海上风电资源大体可以分为：①无破坏性风速的低风速区，主要集中在长江入海口以北地区；②有破坏性风速的高风速区，主要集中在台湾海峡一带；③有破坏性风速的低风速区，主要集中在广东、广西、海南、浙江等地区。结合集团公司业务能力建设、外围关系及降低台风等不可抗力影响等考虑，重点关注尚未资源分配的山东、已有投运海上风电的天津、江苏等区域

的优质资源的营销工作。

3.4 其他可再生能源应用的市场化应用前景

单纯的风电、光伏已完成市场化、规模化开发阶段工作，长期以来以风电、光伏作为主体去适配应用场景，突破"风、光电＋电网"或"风、光电＋应用场景"。随着，风电、光伏需求及时调整姿态，主要去结合应用场景的开展应用，而且是多要素的协调、协同应用，实现"用能需求＋能源服务"。随着中国电动汽车"弯道"超车，电储能成本已经大幅下降，"储能＋"已经成为能源行业的又一热点，储能现在已初步完成了由研发示范向商业化初期的过渡，正处于规模化发展的前夜。"储能＋"可以应用于平滑风、光电等出力特性，增加调度、运行的灵活性，也可以依托峰谷差，实现"填谷顶峰"，也可以参与电网调峰辅助服务，也可以参与电力应急保障服务，也可以作为骨干电源构建独立运行的微电网系统。上述应用均具备较好的商业生存能力。

4 结论

由于我国自然资源的禀赋限制，我国一次能源供应以煤炭为主的结构仍将长期稳固，火电仍是电源结构中的主力电源形式，风、光电虽已成为重要的电量电源，在电源结构中的作用仍处于补充地位，但从长期来看，气候变化促使世界能源消费结构呈低碳化、清洁化趋势。世界能源格局总体去碳、低碳仍是主流认识。我国电源结构优化调整也势必依赖风电、光伏等具备规模化、市场化的能源型式。

随着我国电力交易市场化改革的逐步推进，未来竞争性配置建设容量指标及平价上网项目申报将是行业发展的主要方式，平价上网将逐步成为主流，竞争性配置现阶段主要是一种过渡。可再生能源的投资主体应密切关注国家相关政策的发布，对于短期之内仍未明确补贴的集中式光伏投资项目存在一定的风险，小规模风、光电项目将会成为投资开发的重点，应加强海上风电和分散式可再生能源项目优质资源的营销工作。

浅析中国建筑承包商"走出去"策略的海外市场区域选择

王清颜/中国电建市政建设集团有限公司

【摘 要】 本文通过多年来中国建筑承包商在国际市场各国别领域份额数据进行深入的梳理和分析,以入选2000—2016年海外市场完成营业额排名前10位的建筑承包商为依据,探讨亚太、非洲、拉美(加勒比)三大主要区域市场的特点,总结中国建筑承包商"走出去"的市场区域选择的一般规律,预测中国建筑承包商未来选择海外区域市场布局的趋势,并为正在实施"走出去"发展战略的中国建筑承包商的区域市场选择提供有价值的参考。

【关键词】 中国建筑承包商 "走出去" 市场份额 区域和国别选择

1 前言

在全球化浪潮和改革开放的大环境下,中国建筑承包商纷纷走出国门,与不同国别的建筑承包商同台竞争,大时代需要大格局,大格局需要大智慧。随着我国领导人在国际视野下布局的"企业走出去""一带一路"等战略实施,中国建筑承包商在国际工程市场的发展态势良好,市场份额逐年增加。

本文通过国家统计局、外交部等公示的数据,统计分析2000—2016年间中国建筑承包商在国际市场的份额以及工程营业额,总结中国建筑承包商"走出去"国别选择的一般规律,旨在为正在实施"走出去"发展战略的中国建筑承包商的区域市场选择提供有价值的参考。

2 区域市场份额分布情况

美国《工程新闻记录》将全球承包商的国际工程市场划分为非洲、亚太、中东、拉美(加勒比)、欧洲和北美六大区域,现以2000—2016年间国际承包商市场份额分布情况和2000—2016年间中国承包商市场份额分布情况数据为例(图1、图2)。

对比16年来国际承包商在全球范围内的区域市场份额分布情况可以看出,国际承包商的区域市场重心逐渐由欧洲转向亚太和非洲地区,但中东地区、欧洲地区、亚太地区三大区域市场的主导地位仍不可动摇。相对于国际承包商的全球布局分布,中国建筑承包商的区域市场格局有较大幅度的变动。目前三大区域市场分别是亚太、非洲和中东地区,自从2000年开始三大区域的市场份额均保持在10%以上。

2000年,中国建筑承包商的市场份额集中分布在本土附近,亚太区域市场以73.9%的绝对优势高居6大区域市场榜首。此后的16年间,非洲市场逐步成长起来,表现出了强劲的发展势头,市场份额一路飙升至50%(2008年),占据了国际市场的半壁江山。这得益于中国在此期间援建非洲的众多大型项目,如耗资4.085亿元人民币的坦桑尼亚国家体育场和价值几亿美元的系列公路项目群、安哥拉农业灌溉项目群、塞内加尔国家大剧院以及众多路桥项目。非洲市场营业额更是超过了亚太市场,成为了中资企业海外第一大市场。

受中国建筑承包商战略重心转移和国际大型承包商竞争的影响,亚太市场份额在2000—2008年间下滑了42.1%,但从营业额绝对数来看,8年间亚太市场营业额增长了500%,仍然保持着较快的增速。值得一提的是,2008年金融危机对全球经济造成重创之际,亚太地区作为中国建筑承包商的主要市场并未受到影响,市场份额稳健增长,并在2016年反超非洲市场,重回第一大市场的宝座。

得益于中东市场宽松的投资环境和较低的准入门槛,中国建筑承包商在中东市场的份额稳中有增,并在

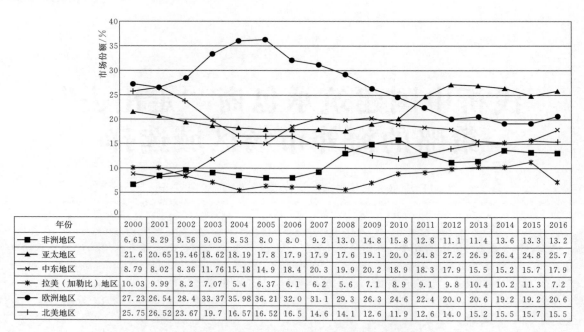

年份	2000	2001	2002	2003	2004	2005	2006	2007	2008	2009	2010	2011	2012	2013	2014	2015	2016
■ 非洲地区	6.61	8.29	9.56	9.05	8.53	8.0	8.0	9.2	13.0	14.8	15.8	12.8	11.1	11.4	13.6	13.3	13.2
▲ 亚太地区	21.6	20.65	19.46	18.62	18.19	17.8	17.9	17.9	17.6	19.1	20.0	24.8	27.2	26.9	26.4	24.8	25.7
✕ 中东地区	8.79	8.02	8.36	11.76	15.18	14.9	18.4	20.3	19.9	20.2	18.9	18.3	17.9	15.5	15.2	15.7	17.9
✱ 拉美（加勒比）地区	10.03	9.99	8.2	7.07	5.4	6.37	6.1	6.2	5.6	7.1	8.9	9.1	9.8	10.4	10.2	11.3	7.2
● 欧洲地区	27.23	26.54	28.4	33.37	35.98	36.21	32.0	31.1	29.3	26.3	24.6	22.4	20.0	20.6	19.2	19.2	20.6
＋ 北美地区	25.75	26.52	23.67	19.7	16.57	16.52	16.5	14.6	14.1	12.6	11.9	12.6	14.0	15.2	15.5	15.7	15.5

图1　2000—2016年间国际承包商市场份额分布情况

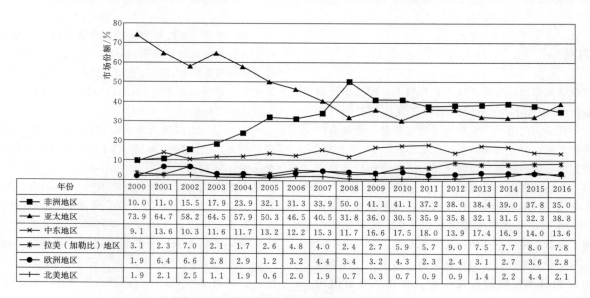

年份	2000	2001	2002	2003	2004	2005	2006	2007	2008	2009	2010	2011	2012	2013	2014	2015	2016
■ 非洲地区	10.0	11.0	15.5	17.9	23.9	32.1	31.3	33.9	50.0	41.1	41.1	37.2	38.0	38.4	39.0	37.8	35.0
▲ 亚太地区	73.9	64.7	58.2	64.5	57.9	50.3	46.5	40.5	31.8	36.0	30.5	35.9	35.8	32.1	31.5	32.3	38.8
✕ 中东地区	9.1	13.6	10.3	11.6	11.7	13.2	12.2	15.3	11.7	16.6	17.5	18.0	13.9	17.4	16.9	14.0	13.6
✱ 拉美（加勒比）地区	3.1	2.3	7.0	2.1	1.7	2.6	4.8	4.0	2.4	2.7	5.9	5.7	9.0	7.5	7.7	8.0	7.8
● 欧洲地区	1.9	6.4	6.6	2.8	2.9	1.2	3.2	4.4	3.4	3.2	4.3	2.3	2.4	3.1	2.7	3.6	2.8
＋ 北美地区	1.9	2.1	2.5	1.1	1.9	0.6	2.0	1.9	0.7	0.3	0.7	0.9	0.9	1.4	2.2	4.4	2.1

图2　2000—2016年间中国承包商市场份额分布情况

2011年达到最高峰18%。但近年来，中东地区局势动荡，部分地区战乱频发，巴以争端持续发酵，导致了中东经济发展停滞，中国建筑承包商的市场份额略有下滑。

拉美、加勒比地区的经济相对欧美地区落后，加之人口数量大，中国建筑承包商在这里具有较大的发展潜力。近年来该区域市场发展平稳，市场份额稳定在8%左右。

欧美市场长期由发达国家占领，发展已十分成熟。较高的行业壁垒和工程总包模式的高要求成为了中国建筑承包商进入这些市场的阻碍，导致中国建筑承包商在

这些市场发展乏力。

3　主要区域市场的国别选择

通过统计16年来入选中国对外承包工程海外市场前10名的国家（或地区）次数可以发现，中国建筑承包商选择的海外发展市场主要分布在亚洲、非洲和拉丁美洲三大区域。在上榜的27个国家中，亚洲国家占据了16个席位，非洲国家有8个，拉丁美洲国家2个，北美国家1个（表1～表3）。

表1 2000—2016 年入选中国对外承包工程海外市场前 10 名次数汇总排名情况

排名	国家	地区分布	进入前 10 名次数	排名	国家	地区分布	进入前 10 名次数
1	阿尔及利亚	非洲	15	15	阿联酋	亚洲	6
2	巴基斯坦	亚洲	13	16	缅甸	亚洲	5
3	中国香港	亚洲	12	17	美国	北美洲	5
4	苏丹	非洲	11	18	埃塞俄比亚	非洲	4
5	尼日利亚	非洲	11	19	中国澳门	亚洲	2
6	沙特阿拉伯	亚洲	11	20	伊拉克	亚洲	2
7	印度尼西亚	亚洲	11	21	肯尼亚	非洲	2
8	安哥拉	非洲	10	22	哈萨克斯坦	亚洲	2
9	新加坡	亚洲	9	23	马里	非洲	1
10	印度	亚洲	8	24	马来西亚	亚洲	1
11	伊朗	亚洲	7	25	墨西哥	拉丁美洲	1
12	越南	亚洲	7	26	叙利亚	亚洲	1
13	孟加拉国	亚洲	6	27	利比亚	非洲	1
14	委内瑞拉	拉丁美洲	6				

注 指标为承包工程完成营业额（万美元）。

表2 入选 2016 年中国承包工程完成额前 10 名的国家

序号	亚洲市场		非洲市场		拉美市场	
	国家	占亚洲市场总完成额比重/%	国家	占非洲市场总完成额比重/%	国家	占拉美市场总完成额比重/%
1	沙特阿拉伯	12.34	阿尔及利亚	16.39	委内瑞拉	25.42
2	巴基斯坦	9.46	埃塞俄比亚	9.14	厄瓜多尔	19.69
3	马来西亚	6.18	肯尼亚	8.84	巴西	13.50
4	中国香港	5.51	安哥拉	8.42	墨西哥	8.60
5	印度尼西亚	5.32	尼日利亚	5.08	阿根廷	7.76
6	新加坡	4.89	埃及	4.43	秘鲁	3.91
7	伊拉克	4.50	刚果（布）	4.22	玻利维亚	3.78
8	越南	4.33	乌干达	3.67	古巴	3.07
9	老挝	3.84	赞比亚	3.48	哥伦比亚	2.61
10	泰国	3.82	坦桑尼亚	2.96	巴哈马	2.31

表3 入选 2000—2016 年亚洲市场承包工程完成额年均增速前 10 名的国家

序号	亚洲市场		非洲市场		拉美市场	
	国家	年平均增速/%	国家	年平均增速/%	国家	年平均增速/%
1	马尔代夫	88.17	刚果（布）	94.9	厄瓜多尔	61.5
2	韩国	53.07	安哥拉	57.1	巴哈马	52.5
3	沙特阿拉伯	49.11	埃及	43.3	乌拉圭	46.0
4	土耳其	46.57	赤道几内亚	40.5	阿根廷	44.0
5	印度尼西亚	44.00	阿尔及利亚	40.1	巴西	37.1
6	印度	39.19	摩洛哥	37.3	洪都拉斯	36.4

序号	亚洲市场		非洲市场		拉美市场	
	国家	年平均增速/%	国家	年平均增速/%	国家	年平均增速/%
7	塔吉克斯坦	38.46	利比里亚	37.1	委内瑞拉	33.9
8	卡塔尔	35.28	埃塞俄比亚	33.5	智利	33.3
9	柬埔寨	32.36	乌干达	33.3	玻利维亚	32.6
10	阿联酋	32.02	吉布提	32.9	墨西哥	32.6

3.1 亚洲地区

中国建筑承包商充分发掘亚洲这片"本土市场"，凭借地理位置上的优势，近年来在在周边国家，如巴基斯坦、马来西亚、新加坡、越南等国都有着较好的发展。2016 年，沙特阿拉伯和巴基斯坦分别以 12.34%、9.46%的完成营业额位列亚洲市场的前两位。沙特作为"石油王国"，石油储量、产量均居世界首位，正是这样一个全球瞩目、众多国际承包商梦寐以求的市场，中国建筑承包商凭借高标准、硬技术从众多国际顶级承包商中脱颖而出，赢得了沙特业主的青睐，将沙特阿美公司"最大陆上钻井承包商"的地位保持至今。从地理位置上看，沙特阿拉伯位于亚洲西南部的阿拉伯半岛，东濒波斯湾，西临红海，地处我国"一带一路"枢纽位置，对我国承包商"走出去"战略起到至关重要的作用。从国家政策上来看，沙特政府提出"2020 国家经济转型计划"，这一份发展规划与我国的"一带一路"倡议相适应，为两国的合作创造了更有利的条件。

巴基斯坦一直是中国开展海外工程承包业务的重要市场，有数据显示，截至 2015 年 11 月，中国在巴方直接投资金额约 39.3 亿美元。得益于中巴全面合作关系的建立。近年来，中国建筑承包商在巴基斯坦市场营业额稳健增长，"一带一路"倡议的实施进一步深化了以中巴经济走廊为中心，以瓜达尔港、交通基础设施、能源、产业合作为重点的"1＋4"合作布局。2018 年 4月，中国建筑承包商承建的巴基斯坦水电项目正式运营，这将成为中巴合作项目的又一重大成果。

从工程完成营业额年均增速来看，排名前 10 位的国家年均增速均超过了 30%，其中马尔代夫和韩国的增速超过了 50%。值得注意的是，进入前 10 位的国家除韩国外，均处在"一带一路"沿线，也足以体现"一带一路"政策在加强沿线国家经济合作、促进互联互通方面成效显著。

3.2 非洲地区

据统计，2016 年非洲区域中国承包工程完成营业额前 10 的国家分别是阿尔及利亚、埃塞俄比亚、肯尼亚、安哥拉、尼日利亚、埃及、刚果（布）、乌干达、赞比亚和坦桑尼亚。

仅在阿尔及利亚，2016 年工程完成额就高达843421 万美元，占当年非洲区域市场份额的 16.39%，成为了中国建筑承包商非洲市场份额第一大国，且在2000—2016 年间保持着 40%的年均增速，发展势头强劲。阿尔及利亚之所以成为中国建筑承包商在非洲的首选发展区域，一方面，得益于其丰富的石油、天然气资源储备；另一方面，中阿两国政治、贸易往来密切，建立了友好的合作发展关系，为我国海外工程市场的进入创造了良好的外部环境。早在 2006 年，中信集团-中国铁建（简称 CITIC/CRCC 联营体）就以 62.5 亿美元中标阿尔及利亚高速公路中段和西段的工程建设，如此大的工程合同额是当时海外工程市场前所未有的。

2000—2016 年非洲地区区域市场年均增速最快的国家是刚果（布）。刚果（布）同样有着丰富的资源，石油产值约占刚果国内生产总值的 61.2%，石油出口占出口总收入的 90%。刚果（布）横贯赤道，为热带雨林气候，林木茂盛，木材资源丰富。从 20 世纪 80 年代起，中国建筑承包商进入刚果（布）进行市场开拓，时至今日，中国为刚果（布）援建了包括医院、体育场、水电站等一大批基建项目。2016 年年底，江苏省建集团又以3.46 亿人民币的价格成功中标援刚果（布）新议会大厦项目，该工程将于 2020 年竣工投入使用。

3.3 拉美地区

由于地理位置较远，加之宗教、文化上存在巨大差异，中国海外工程承包业务在拉丁美洲的市场份额不高，分布较为集中。2016 年，工程完成营业额前三位的国别为：委内瑞拉、厄瓜多尔和巴西，完成营业额分别为 25.42%、19.69%和 13.5%，占拉美市场完成营业额的 6 成。

得益于拉美区域丰富的资源优势，中国建筑承包商在拉美地区的基础设施建设和新能源开拓取得了突破性进展。2010 年，中国水电建设集团成功中标厄瓜多尔23 亿美元的科卡科多辛克雷水电站项目；2010 年 3月，中国水电建设集团成功中标委内瑞拉 10.3 亿美元的燃气电站项目；2012 年 8 月，中国水电建设集团成功中标合同额为 3.5 亿美元的洪都拉斯帕图卡大坝二期项目；2016 年 4 月，中国港湾工程公司（CHEC）宣布将承包合同总额为 4.65 亿美元的哥斯达黎加公路扩建项目的施工任务。中国建筑承包商在拉美区域承揽的大型基建工程一方面缓解了拉美地区基建设施落后的危机，同时也带动了国内承包商"走出去"，创造了更多收益。

4 "走出去"国别选择的特点及趋势

4.1 资源导向型——"以项目换资源"

中国建筑承包商在"走出去"进程中偏爱选择资源盛产国作为主要市场。"资源导向型"国家普遍以资源输出作为政府主要财政收入来源，同时也需要配套的资源开发工程建设，这就给承包商实行"以项目换资源"战略创造了有利机会。

在表2、表3上榜的国家中，约80%的国家资源富足，以拉美地区为例，近年来，拉美地区虽然经济发展乏力，但丰富的矿产资源仍吸引着众多承包商蜂拥而至。据统计，拉美的铜储量超过1亿t，主要分布在智利、秘鲁等地；煤炭蕴藏量500亿t，主要分布在哥伦比亚和巴西；已探明的天然气储量多达3万亿m³，主要分布在墨西哥和阿根廷；已探明的石油储备量103亿t，主要分布在委内瑞拉。这一系列数据均属于世界领先水平。而中国建筑承包商的区域市场选择也与这些地区的资源储备量保持了高度的一致性，体现了"资源导向型"这一特征。

选择资源储量丰富的国家开拓市场有两方面的优势：一方面，产出国对资源开发配套工程建设需求量极大。以沙特为例，早在20世纪末，中石油、中石化等大型承包企业就进入沙特承建油井钻探等基建项目。直至今日，中沙关于石油资源方面的合作依然密切，这就为中国建筑承包商创造了极好的海外市场开拓机会；另一方面，资源富有国的本土材料价格较低，承建这些区域的项目通常不需要过多的成本投入，加之先进的工程承包模式的运用，可将收益较低的劳务工程分包出去，充分利用当地劳务资源，进行"本土化"发展，减轻了承包商的融资压力。

"以项目换资源"的模式在国内已早有实践，2006年，中信集团与委内瑞拉签订建设2万套社会经济住房合同，委内瑞拉将以石油信贷以抵偿工程款；两年后，中铁集团牵头与刚果民主共和国签订了铜钴开采工程建设合作协议，并成功获得铜、钴采矿权，缓解了我国铜、钴资源的压力。

考虑到"资源导向型"市场短期内不会改变以资源出口为主导的经济体制格局，中国建筑承包商尤其是国有企业可以以此为契机，大力推进"以项目换资源"的合作模式，实属共赢之策。

4.2 政策导向型——"以项目促合作"

"政策导向型"市场大致围绕"一带一路""国际产能合作"两大核心，前者以发展中国家为主导，后者覆盖面更广，涉及部分发达国家。

自"一带一路"倡议实施以来，在国家政策的支持下，越来越多的承包商以"一带一路"为契机，进军国际市场。以亚洲为例，2016年国际工程完成额排名前10的均为"一带一路"沿线国家（地区）。这些国家经济发展相对滞后，对基础设施建设有着较强的需求，而当地落后的工程技术水平往往不能满足国家发展的需求。现今，中国在高铁、路桥、建筑领域的水平已经处于世界领先地位，通过海外工程承包不仅可以为东道国带去技术支持，满足当地对电力、交通、大型公共建筑等基础设施的需求，同时可以输出自身优质的富余产能，实现国际产能合作。借力"一带一路"倡议，中国建筑承包商"走出去"面对的将是更低的门槛、更少的壁垒以及国内政府提供的政策性融资支持。

而"国际产能合作"战略的提出更是为中国建筑承包商提供了进入欧美高端工程市场的机会，一方面是由于发达国家基础设施老化，急需更新换代；另一方面，中国的工程技术标准已逐渐与国际水平接轨，具备价格上的优势。此外，中国也在不断探索新的合作模式，利用自身优质产能和先进生产技术，共同开辟第三方市场。

国家商务部统计数据显示，2017年，我国在"一带一路"沿线的61个国家新签工程合同7217份，合同额达1443.2亿美元，占同期我国对外承包工程新签合同额的54.4%，同比增长14.5%；完成营业额855.3亿美元，占同期总额的50.7%，同比增长12.6%。

由此可见，"政策导向型"市场发展前景良好，可作为中国建筑承包商拓展海外市场的首选之地。

4.3 国际关系导向型——"以项目换朋友"

"国际关系导向型"国家一般具有国内政局稳定、与中国外交互动频繁的特点。

目前，中国建筑承包商主要以发展中国家为目标市场，而这些地区有着动荡、爆发战乱的特点，这对中国建筑承包商顺利实施项目造成了不小的障碍。这些地区工程市场尚不成熟，竞争压力小，市场潜力大，相对于欧美发达国家区域性保护政策更少，对迫切希望"走出去"的中国建筑承包商来说具有较强的吸引力。

从目前海外市场占有率较高的国家可以看出，中国建筑承包商在选择业务市场时会刻意避开局势动乱、政治不稳定的区域。一个典型的代表就是阿富汗，有估测数据显示，阿富汗有超过数万亿美元的未被开采的矿产资源和油气资源。此外，阿富汗作为"一带一路"沿线国家，近年来，两国关系发展平稳。如果从以上两个因素考虑，原则上，阿富汗会成为中国建筑承包商乐意选择的发展市场。但是，阿富汗国内政局动荡，地方冲突不断，塔利班分子的恐怖袭击以及美军与当地武装的频繁交火使得阿富汗被许多承包商列入发展"禁区"。此外，伊拉克、伊朗、叙利亚等国也是由于类似原因，导致区域市场选择上被排在非优先位置。

与此形成鲜明对比的是中国的"铁兄弟"——巴基斯坦。在表1统计的2000—2016年入选中国对外承包工程海外市场前10名次数排行榜中，巴基斯坦的入选次数多达13次，中国建筑承包商在巴工程完成额在亚洲市场占有很大的比重。这很大程度上得益于两国深厚的传统友谊和近年来两国密切的经济合作。历史上，中国援建了巴基斯坦包括港口、核电站在内的众多工程项目，在获取经济利益的同时，也深化了两国的"盟友"关系。

5　结语

中国建筑承包商在开拓海外市场时，应该下工夫研究和掌握海外市场的特点和规律；充分调研，合理布局，有计划地开拓区域市场；稳扎稳打，步步为营，把拓宽业务领域作为长远发展的重点；做好市场调研和项目前期考察工作，防范和规避各种风险；建议选择与中国有良好外交关系的国家作为发展市场，是中国建筑承包商在"走出去"进程中的一个不错选择。

参考文献

［1］　刘阿平．我国国际工程承包的现状分析［J］．全国商情，2010（5）.

［2］　李静萍，高敏雪．中国对外直接投资现状、差距与潜力［J］．经济理论与经济管理，2005（7）.

［3］　黄忠淦．浅谈国际工程项目管理模式［J］．中国外资，2012（7）.

［4］　王义桅."一带一路"机遇与挑战［M］．北京：人民出版社，2015.

［5］　冯并．一带一路：全球发展的中国逻辑［M］．北京：民主法制出版社，2015.

工法文本的编制要点与常见误区探析

袁幸朝　梁　涛/中国水利水电第五工程局有限公司

【摘　要】　本文对工法的定义做了简要说明，从工法文本内容的组成及语言结构要求方面介绍了其编制要点以及相关注意事项，并分析了容易发生的误区。

【关键词】　施工工法　开发　编制　误区

1　引言

工法的开发、编制、应用工作在我国建筑业已有20多年，已成为建筑施工企业重要的技术管理工作之一。实践证明，工法是施工企业自主知识产权的重要组成部分，是企业技术水平和管理能力的集中体现，是施工企业核心竞争力的极关键部分。工法的开发与应用，可大力推进施工企业不断提高自身的科学管理和技术创新水平。

2014年7月16日，住房和城乡建设部以建质〔2014〕103号印发修订后的《工程建设工法管理办法》（以下简称《管理办法》）。《管理办法》对工法的定义：工法是指以工程为对象，工艺为核心，运用系统工程的原理，把先进的技术和科学管理结合起来，经过工程实践形成的综合配套的施工方法。它必须具有先进、适用和保证工程质量与安全、环保、提高施工效率、降低工程成本等特点。其他部门或学会（协会）结合本行业的特点，对工法定义略有调整，但总体叙述基本是相同。

工法分为国家级、省（部）级和企业级三个等级。各级工法对工法的申报资料都做了明确要求，一项完整的工法申报材料至少包括工法申报表、工法文本、工程应用证明、经济效益证明、反应工法操作要点的视频或照片等资料，而且为体现工法的先进性、创新性，一般还要求有工法关键技术鉴定（评审）报告、工法内容查新报告和其他与工法相关的专利、论文、科技奖等综合证明支撑材料。其中，工法文本的编制是工法开发的最基础，也是最重要的工作。

2　工法文本的编制要点及常见误区

一项技术从其形成到进行规范，不仅体现了技术的成熟，也体现了管理的成熟。工法文本作为一种类似于规范、规程的特殊文体，《管理办法》对工法文本的内容组成和语言结构进行了严格的规范。工法文本的编制"形易实难"，特别要注意避免误区。

不管是国家级工法、省（部）级或者是企业级工法，其工法文本的编制都必须遵循《管理办法》的规定，并按照工法的11项内容按顺序进行编制。

2.1　前言

前言需简要说明（概述）开发本工法的理由、目的和形成过程及推广应用概况，本工法解决了哪些问题、达到的技术水平、关键技术的鉴定（评审）情况、技术可靠性证明情况、有关获奖情况及获奖等级和开发本工法的意义、作用等。达到的技术水平应是科技查新及专家鉴定（评审）结论，不能自我定结论，更不能自吹自擂。关键技术的鉴定（评审）及获奖情况如果没有可以不写，但工法的形成过程必须在前言中做出说明。

常见误区：前言冗长不精练、不准确。一般不应出现有关工法特点、经济效益或社会效益的内容。依托的工程可以提到，但不能将工程概况写入前言。

2.2　工法特点

工法特点要说明本工法在使用功能或施工方法上的特点，与传统施工方法的区别，与同类工法相比较，在工期、质量、安全、造价、用工或减轻劳动强度等技术经济效益方面的先进性和新颖性。如果只是一个应用方法的工法，则仅需写明使用功能上的特点。

常见误区：特点模糊或混杂。把工法理解为单纯工艺、技术或施工组织设计，工法就写成了本技术在使用功能或施工方法上的特点，特别是采用新材料和新装置（构件）形成的工法很多写成了材料使用说明书和产品说明书。

2.3 适用范围

适用范围要说明针对不同的设计要求、使用功能、施工环境、工期、质量、造价等条件，列举最宜适用本工法的具体工程对象或工程部位，不能夸大其词。有的工法还要规定最佳的技术条件和经济条件。

常见误区：范围不明确。工法是一个综合配套的系统工程，不要把这一节写成最宜采用本技术的工程对象或工程部位，也不要仅仅强调本技术的适用范围。

2.4 工艺原理

工艺原理要说明本工法工艺核心部分的原理及其理论依据。从理论上阐述本工法施工工艺、管理的基本原理及操作过程，着重说明关键技术形成的理论基础，使阐述严密、科学，令人信服。凡是涉及技术秘密方面的内容，在编写时应予以回避，使读者能一般了解工艺原理的大致内容而不会真正掌握机密的核心部分，以按照知识产权法的有关规定对企业的利益予以保护。对工法中包含的技术专利，编写时可以写明专利号，核心内容作为附件报送，否则不利于评审。

常见误区：原理不明确。工艺原理在整个文本中所占篇幅不多，位置也不显赫，但这部分非常重要，能起到画龙点睛的作用，工艺原理编写得精炼、准确，对提升工法的核心技术有特殊的意义。特别是难、新的工艺，其原理写不好很可能会影响到整个工法的可信度。在写工法文本前，应先将工艺原理理解透彻，编制过程中特别需要反复推敲和斟酌。

2.5 施工工艺流程和操作要点

施工工艺流程和操作要点是工法文本的最重要的内容，最核心的部分。应该按照工艺发生的顺序或者事物发展的客观规律来编制工艺流程，并在操作要点中依次分别加以描述。对于使用文字不容易表达清楚的内容，要附以必要的图表。工艺流程要重点讲清基本工艺过程，并讲清工序间的衔接和相互之间的关系以及关键所在。工艺流程最好采用流程图或者网络图来描述，给人一目了然，通俗易懂感觉。对于构件、材料或机具使用上的差异而引起的流程变化，应当有所交代。这部分在工法文本中占的篇幅最多，是文本的重点和核心部分，一般分为工艺流程和操作要点两节来写。

常见误区：工艺流程与操作要点不对称。很多文本操作要点都是摘抄或者照搬施工方案、科研成果资料，篇幅冗长，没有提炼和升华，而且和工艺流程完全不对称。操作要点一定要对称工艺流程图中施工顺序进行详细地阐释。流程图中提到的施工步骤不能在操作要点中没有解释，也不能把操作要点中需要说明的问题在流程图中没有反映。

2.6 材料与设备

材料与设备应说明该工法主要材料、设备的名称、规格，主要技术指标以及施工机具、仪器等的名称、型号、性能、能耗及数量，最好是列表说明，采用新型材料时还应注明其检测方法。为保证工法具有广泛的适用性，工法中涉及的有关材料设备的指标数据一定要严谨、准确。此外还应强调该材料设备在操作要点中起到的作用，以证明该材料在工法技术实现中是必不可少的。一般来说，本章还应配置有劳动力组织表。

常见误区：材料设备列项不全或与工法实施无关。

2.7 质量控制

工法必须遵照执行的国家、地方（行业）标准、规范名称和检验方法，并指出工法在现行标准、规范中未规定的质量要求，要列出关键部位、关键工序的质量要求，以及达到工程质量目标所采取的技术措施和管理方法。如果工法涉及的质量标准及控制方法还没有现行的规定，要注明企业所采取的措施、方法并提供企业标准。

常见误区：没有说明执行标准，质量控制泛泛而谈。有些工法的质量要求可依据现行国家、地区、行业的标准、规范规定执行，有些工法由于采用的是新技术、新材料、新工艺，在国家现行的标准、规范中未规定质量要求。因此，在这类工法中，质量要求应注明依据的是国际通用标准，国外标准，还是某个科研机构、某个生产厂家、企业的标准，使工法应用单位能够明确本工法的质量要求，使质量控制有参照依据。

2.8 安全措施

安全措施要说明在工法实施中，依据国家地方、行业现行有关安全规定所制定的安全和预警措施，内容要针对其工法的特点来编写。

常见误区：安全措施不周全，例如，缺少"季节性的施工安全措施"，还有就是套话、空话太多，没有针对工法特点，缺少实质性的内容。

2.9 环保措施

环保措施说明实施本工法应重点遵照的环境保护及控制各种污染的指标及防范措施，以及必要的环保监测和在文明施工中应注意的事项，所对应的经济合理的能源消耗指标及可行的节能减排建议。特别是应符合当前国家政策，以四节一环保、绿色建筑施工为重点，强调文明施工，说明工程的环保监测、措施及效果。

常见误区：环保措施不全面，基本上都只写了文明施工。

2.10　效益分析

效益分析包括经济效益、社会效益、环保效益、质量效益等，在编写中要实事求是，根据工法特点编写。从该工法在应用中的工程实践效果（工时、物料的消耗及真实成本数据）与传统施工方法或同类工法对比，综合分析说明其先进性。采用本工法对工程质量、工期的确保、成本及环保、节能等指标的有效性综合分析比较，对工法取得的经济效益和社会效益做出客观的评价。效益分析要能和应用实例相呼应，尽可能提供一些参考数据。

常见误区：效益分析太片面。工法之所以要推广是因为技术先进，有可观的经济效益和社会效益，然而在工法的效益分析中往往只注意成本效益的分析而忽略了工期效益，质量效益等的分析。其实有些工法要推广的技术前期成本投入并不低，然而它带来的工期效益、质量效益、安全效益、环保效益等综合效益却很高。因此我们不能认为前期成本投入过高的工法就不是好工法，更加不能认为这类高技术含量的工法，在效益分析上没有可比性，这样会走入效益分析片面性的一个误区。

2.11　应用实例

应用实例需说明应用本工法具有代表性的工程项目名称、地点、开竣工日期、实物工程量和应用情况和效果以及存在的问题。可以采用列表的形式。一项成熟的工法的形成一般须有 3 个工程的应用实例〔一般省（部）级工法要求为两个或者以上，已成为成熟的先进工法，因特殊情况未能及时推广的可适当放宽〕。

常见误区：应用实例描述针对性差，很多都只是大篇幅地写了工程概况。写工法实例的目的，是用来证明本工法的优越性、独特性，因此，在编写时除对工程本身的特点、难点做必要的介绍外，应把重点放在如何使用本工法解决了这些难题。前言中列出了这些问题，只是简单扼要的点到，工程实例中则要比较详细地说明如何来解决这些问题，具体效果如何。

3　工法文本语言结构应注意的事项

（1）采用科技词汇，使用无人称的叙事方式，避免口语化方言，名词、术语、物理量代号必须正确（规范）。所用的专用名词和术语应前后一致，切忌任意编造和使用自己杜撰的不规范的词语。

（2）数据真实准确，不含糊，不作假。数值的表达应符合有关规定。在工程施工过程中，要注意原始数据的收集和整理。对施工中发生的重要问题要做好记录。在工法的编制过程中，对收集到的资料要认真研究分析，以发掘其内在规律性，通过研究分析，把实践中获得的信息提升到一个新的高度。要使用法定计量单位制，并以规定的符号表达量值，要保持上下文的一致。

（3）图表与文字叙述要相互配合避免重复，图表应作为文字的补充紧跟在文字之后。表格应主题集中，内容简洁以提供统计、对比与分析价值为主。每个图表都应有编号、名称。图的编号、名称应列在图下居中位置，表的编号、名称应列在表上居中位置，图表内所列数据务必核对无误，数据之间不能相互矛盾。

（4）叙述层次按章、节、条、款、项的顺序依次排列，要严格按照国家工程建设标准的格式进行编排。

4　结语

工法文本是工法的载体和主要的表现形式，工法文本的编制在内容组成和语言结构上都有着严格的规范，因此正确理解工法的内涵和编制工法的要点对于工法的编写者非常重要。对于工法的开发单位来说，加强工法文本的编制也是做好工法开发最基础、最重要的工作。工法文本的形成并不只是一个简单的编制过程，而是工法开发过程中的创造性工作，是工程技术和管理创新相结合的完美结晶，应当把编制工法文本作为科研成果来对待，把工法开发当做一项科研项目来实施，从而促进企业的技术积累，推动企业的技术进步。

浅析跨国文化沟通

李振收/中国电建市政建设集团有限公司

【摘　要】　本文通过作者与不同文化群体咨询工程师的沟通获得的一些经验，找出了中西方文化差异的一些问题，并提出文化冲突应对策略，对初次涉入国际工程的人员具有一定的借鉴和参考意义。

【关键词】　文化差异　冲突　沟通　根源　对策

1　前言

在中国政府"一带一路"倡议引导下，沿线国家一批照顾多方利益的项目陆续落地，更多的中国企业走出国门。在企业资源整合和管理过程中，不可避免要面对不同国度、不同民族、不同种族之间的生活习惯与思维方式的碰撞，不可避免产生文化冲突，因此，有效的跨文化沟通变得日趋重要。通过分析跨国企业内部在跨文化沟通过程中产生的问题及其成因，总结出在跨文化背景下企业有效沟通的策略和技巧，以期为我国跨国企业的发展提供借鉴和参考。

在国外实施项目，经常需和业主、咨询工程师、当地政府官员、当地分包商及供货商等交往，由于生活的环境、历史、文化背景及宗教信仰等的不同，大家的风俗、习惯、爱好和生活方式各具特色，若不注意沟通方式和方法，往往难以取得应有的效果，进而极大地阻碍了项目的正常运行和实施进度。

2　文化群体分析

2.1　阿拉伯人

笔者在利比亚瓦迪·海亚梯 4500 套房建项目工作 3 年，咨询单位为突尼斯 Studi 公司。突尼斯人健谈，偏好肯定、夸张的语言。说话的变数大，当时流传这样的说法：宁愿相信世上有鬼，也不要相信阿拉伯人那张嘴。阿拉伯人的承诺仅表示赞成，并不是履行。对此要养成书面记录的习惯，多用音像资料，沟通后达成的一致意见要立即形成文字记录，双方签字认可。

阿拉伯人精于商谈，常把简单的问题复杂化，在谈判中习惯采用进攻型，与阿拉伯人谈判耗时长。阿拉伯人常以"神的旨意"中止谈判或履行诺言，谈工作时恰当引用宗教语言，能起到很好地推动作用。阿拉伯人的民族意识、民族责任感强烈，在谈话中切忌触犯与伤害民族感情。

阿拉伯人极具语言天赋，除了阿拉伯语外，受过高等教育的人大多精通法语和英语。法语不仅是联合国和国际奥委会的工作语言，而且万国邮政会议的所有规章都用法文撰写，很多规范和法律在发生歧义时多以法语版为准。阿拉伯人对合同、规范的领悟普遍比较强，在合同谈判时中国人难以占到上风。

西方人把时间看作效率、金钱。而阿拉伯人时间观念不强，准点赴约几乎是不可能的。阿拉伯人办事效率低下，政府机关人员一般 9 时上班，中午在办公室喝杯奶茶，吃点点心，下午 3 时就下班了。在斋月期间，下午 2 时工作人员都走光了。办理公务要提前预约，并提前赶到，不然只会吃闭门羹。

阿拉伯人重视礼仪，见面和打电话时寒暄的话特别多，从身体状况、天气、工作到家人状况，礼节性客套话一大堆。会面时男人间习惯握手和亲吻双颊，女人间则只能行点头礼。

在伊斯兰国家，左手是肮脏和不干净的，左手尽量不要拿任何东西。在递名片时，要用右手递过去。在谈话时不要用手指指着对方，正式场合不要跷二郎腿。

2.2　美国人

在利比亚房建项目工作期间，管理单位是美国 Aecom 公司。美国人性格开朗，直率，乐于与人交际，而且不拘泥于礼节，没有过多的客套，分手时习惯握手。

美国是尊重个性、崇尚个人主义的国家。美国人很重视个人隐私，交谈时与别人保持一定距离。所以在平时交谈时，严禁涉及个人隐私。

美国人一贯以老大自居。在谈判中富有进攻性，爱好辩论，坚持对事不对人的原则，认为观点不一致不会影响人际关系，通常是直接明快、单刀直入、咄咄逼人。

2.3　欧洲人

2005—2007 年，笔者在坦桑尼亚辛扬戈和卡哈马供水项目工作。2011—2016 年，在刚果（布）凯塔公路项目工作，这两个项目的咨询单位都是欧洲的公司。坦桑尼亚项目咨询工程师是挪威的咨询公司（Norconcult），刚果（布）凯塔公路是法国路易伯爵咨询公司（Louis Berger）。

挪威领土南北狭长，从欧洲大陆向北延伸至北极圈，寒冷漫长的冬季和地广人稀的地缘特征，造就了一个特立独行的民族。挪威人的性格就像暖水瓶，外冷内热。初次同挪威人打交道，一定会为其外表冷酷、不苟言笑的处事风格而感到不舒服。

挪威人时间观念强，到访需先预约。节假日期间，不要因公事打电话。如不能按时赴约，一定要给对方打个电话。挪威人言行处事都非常保守、正式。应避免谈及对方工作、工资及社会地位等私事。

法国人有浓厚民族意识和民族自豪感，包括对语言，法国人以说法语为荣耀，由此法国人英语讲得不好，在法语区实施项目，语言往往成为沟通的最大障碍。谈起法国的产品和技术，法国总监总会滔滔不绝、口若悬河，充满了极大的自豪感；而每次看到项目部需要维修的中国产的设备，便会连连摇头表示无奈，评价中国的设备价廉质不优，往往会引发一番争论。

法国是世界上最浪漫的国家之一，他们提出的一些施工方案，也会带有漫无边际的想法，在落后的非洲受到各种条件的制约，他们认为先进的施工工艺往往难以实现。

3　文化差异根源

探究中西方文化差异的根源，笔者认为主要可从以下几个方面窥见一斑。

3.1　人文传统与科学精神

中国人所处生存环境较优越，无须与自然做太艰苦的抗争即可获得自足的生活，因此他们企望与自然保持一种亲和的关系，并把主要精力放在人文社会的建立与研究上。传统中国在地理上的半封闭隔离机制，自足的农业经济以及强烈的血缘宗族意识铸就了中国人平稳求实的大陆型文化性格，形成了中庸和平的思维模式，表现为求统一、尚传承、重内省、轻开拓的文化心态。中国传统文化是以伦理及政治哲学为核心的儒家思想为代表，并在此基础上创造了一套迥异于西方科学文化的独特的伦理文化。追求人与自然和谐共生是中国文化人文传统的表征之一，与西方人文主义强调以人为中心，崇尚对自然的征服与驾驭不同。

海洋的惊涛骇浪带来的生存忧患使古代希腊人产生了人与自然对立的观念，产生对超自然神秘力量的畏惧与膜拜，激发了他们征服和驾驭自然的雄心。而要驾驭自然的先决条件便是认识和掌握自然的规律，知识就是力量，因而"爱智"便成了整个西方民族的共同价值取向。拥有漫长海岸线并致力于征服大海的西方各民族，经历了大自然的磨砺与赐予、工商业为主的经济发展、高势能外围文化环境滋润下的早期发展，形成了热烈好动、重汲取、求变化、广拓展的文化精神。西方文化的科学精神主要体现在三个方面：理性精神、客观态度及探求真理的执着。理性精神为西方精神的核心，它表现为承认客观自然世界的可认知性，在各个领域对形式逻辑的推论和证明法则的普遍遵从，在科学及学术活动中对概念、范畴的建立和理论抽象的偏好，以及在日常行为方式中的工具合理性原则。客观态度强调物质世界的客观规律，在科学研究中则表现为重视实验、注重实证。探求真理的执着表现为不盲从传统，不迷信权威，不满足于已取得的经验与结论，敢于用怀疑的眼光去审视旧有的一切观念和成就，甚至怀疑自己。

3.2　群体认同与个人本位

中西文化的价值系统都把人放在中心位置上，但对人的理解截然不同。中国文化主要把人理解为类的存在物，重视人的社会价值，仅把人看作群体的一分子，是他所属社会关系的派生物，个体价值因群体而存在并借此体现，只有无条件地将自己的命运和利益都托付给所属的群体。而西方文化强调人作为有理智、尊严和自由意志的独立个体，肯定人作为个体存在的价值，看作人类社会结合的基础。这两种不同角度的人文带来了中西文化不同的人格理想以及相应的社会政治结构。

中国文化从自己的群体价值目标出发，重整体轻个体，重义轻利，引导中国人重视国家利益、民族利益、社会利益。该价值取向把协调人际关系放在首位。中国价值观更容易减少人际间的摩擦和冲突。西方文化崇尚个体主义，强调个体自由，尊重个体思维与体验，价值取向是重利轻义。崇尚自我价值观，会使人成为互不相关的孤立、隔绝、对立。

3.3　直觉思维与逻辑推理

中国哲学思维偏好运用直觉体验的方式获取和传达涵盖力极强、极灵活、为认识主体留有极大领悟空间的认识成果。西方式哲学思维则希望通过严密的逻辑推理去获取和传递精确、可靠、稳定的知识，因此它注重规则的缜密，力求避免认识主体理解和阐释对象时的任意性，重视认识的客观性与同一性。

3.4 实践理性与思辨理性

中国哲学的目标在于回答"怎么样"，它关心的是物的功用。西方哲学则致力于回答"是什么"，它的兴趣在于物的本质真实。西方思维以主客对立为前提，热衷于寻求终极真理。重践履是实践理性的思维原则，中国文化一向关心理论的实用价值而不做纯粹认知。西方哲学沉迷于追求物质的本质，本质是潜在的，非直观所能把握的，因此运用抽象符号，建立公理公式，寻求纯粹方法的思辨理性在西方成为文化思维的特点。

4 文化冲突控制对策

不同群体的个体习惯性地将原组织中的常规做法带到日常项目管理中，由此导致冲突和矛盾，这种冲突和矛盾最多、最常见。如项目管理模式差异造成的一些误解和不协调时常发生；来自一些区域的谈判人员会斩钉截铁地表达自己观点，而这往往被对方认为过于粗暴、缺少诚意，招致会谈气氛不和谐，甚至导致谈判失败。

不同宗教信仰，不同人士之间的意见和行为难免有所差异。为保障工程进展顺利，要避免触及政治、宗教、种族等相对敏感话题。主动适应当地文化，亲近当地文化，尊重文化差异，可使承包商更容易被当地人所接受，有助于融入当地社会，有利于减少风险。

对前往海外工作的人员，在出国前进行相应的培训，让出国人员认识到文化差异的存在，不以自己的标准和行为来衡量对方，不能忽视别人价值观或将自己价值观强加于对方。增强双方互尊、互利、共赢的意识与氛围。

首先辨识文化差异点。为使辨识全面、客观，项目部应组织全员参加，广泛听取意见，包括分包商、供应商员工的意见和建议，征求上级单位、设计单位、咨询单位、专家和政府主管部门的意见。辨识可采用头脑风暴法，主要识别语言、表情、肢体行为（拥抱、握手、摇头、点头、手势等）、宗教礼节（祷告时间、要求等）、特殊节日（斋月饮食、工作与休息时间等）、工作习惯、思维方式、谈判风格、宗教信仰、价值观等差异。

对识别出的冲突点从发生的可能性与影响的严重性两个方面进行定性评估，根据评定的冲突等级，进行分级管理。

将文化冲突发生的可能性等级标准划分：可能性极小、偶尔、有可能、经常，分别对应 1～4 级。根据文化冲突造成工期延误、经济损失、人员伤亡、社会负面影响等严重性程度，将文化冲突造成的影响的严重性划分：轻微、较大、严重、很严重，分别对应 A、B、C、D 四个等级。

将文化冲突发生的可能性与影响严重性等级组合后，文化冲突评价等级分为四级，详见表1。

表 1　　　　文化冲突等级标准矩阵

影响等级 可能性等级	A	B	C	D
	轻微	较大	严重	很严重
1　可能性极小	I	I	II	II
2　偶尔	I	II	II	III
3　有可能	II	II	III	III
4　经常	II	III	III	IV

基于不同等级的风险，采取不同的应对策略和控制措施，具体措施详见表2。

表 2　　　　　　　　　　　　　冲突风险处理准则

等级	接受准则	应对策略	控制措施
I	可忽略	宜进行监控	开展定期培训，制定行为规范
II	可接受	宜加强监控	加强日常辨识、检查，制定相关制度
III	有条件接受	应采取措施降低等级，降低等级所需费用应小于风险发生后的损失	应实施防范与监测，制定处理措施
IV	不可接受	应采取控制措施降低风险，应至少将其等级降至可接受或有条件接受水平	应编制预警与应急处置方案，保持高度警惕，持续进行动态管理

一旦发生冲突，应迅速出面调解，坚持公正处理原则，坚决杜绝"一致对外"心态，避免将个人冲突上升为政治、宗教、价值观的冲突。要站在对方的角度，试图以对方的价值观来引导自己思维，通过多次沟通、分析，找到合适的平衡点，从而化解冲突，得到对方认可，赢得信任。

5 结语

跨国文化沟通是一门艺术，从事国际工程的人员必须掌握这门艺术。跨国文化沟通遵循的基本原则是互相尊重，互相理解，求同存异，共同发展。每个国家、每种文化，都有自己固有的历史、宗教信仰、民族意识、语言、生活习惯、礼仪习俗、时间观念及行为模式。不同的文化和习俗，形成不同的思维方式和风格。从事国际工程的人员，在谈判、会议、正式或非正式交谈中，需要正确认识和对待不同国家的文化和习俗，并相互尊重，承认差异，自然保持不同文化和习俗的存在；要高度重视文化差异带来的沟通障碍，需要在认知基础上，通过语言训练和非语言的沟通技巧，掌握不同的沟通风格，消除文化成见，最终实现跨文化沟通中的文化整合，从而提高沟通的有效性，创造良好的沟通氛围，为双方成功合作奠定基础，为国际工程的顺利实施创造良好的外部条件。

浅谈建筑企业服务新型城镇化建设的路径

杨雨蒙/中电建路桥集团有限公司

【摘　要】 2014 年以来，我国新型城镇化建设的内涵发生了深刻变化，发展速度和质量均取得了显著成果，城镇化已进入了加速发展阶段。如何紧跟形势，抓住机遇，顺应工业化推动城镇化发展的历史潮流，加快城镇化发展进程，建筑企业必须遵循新型城镇化的特点，提升全产业链一体化综合服务能力，坚持以人为本的规划设计原则，不断锻造施工技术优势，真正成为城镇发展的优质服务商。

【关键词】 新型城镇化　新兴市场　综合服务能力

党的十八届三中全会以来，我国的城镇化建设被赋予了新的内涵和意义，成为保持经济持续健康发展的强大引擎、加快产业结构转型升级的重要抓手和推动区域协调发展的有力支撑。快速的城镇化建设进程，给建筑企业战略发展带来了巨大的市场空间，创造了多种新兴的项目类型，促进了建筑企业转型升级，加快推动了建筑企业发展。

1 新型城镇化的特点

1.1 新型城镇化的概念

城镇化是指人口向城镇集中的过程，表现为城镇数目的增多和城市人口规模不断扩大。《国家新型城镇化规划（2014—2020 年）》指出，1978—2013 年属于传统粗放的城镇化发展阶段，我国城镇化建设虽然取得了举世瞩目的成就，但也存在着市民化进度滞后、建设用地粗放低效、城镇布局不合理等突出问题。随着内外部环境和条件的深刻变化，必须从社会主义初级阶段这个最大实际出发，遵循城镇化发展规律，进入以提升质量为主的转型发展新阶段，走中国特色新型城镇化道路。

新型城镇化是对我国过去城镇化道路的反思和调整，具有人本性、协同性、包容性和可持续性，旨在实现从结构主义到人本主义转变下从"人口城镇化"到"人的城镇化"转变。新型城镇化不是简单的城市人口比例增加和面积扩张，而是要在产业支撑、人居环境、社会保障、生活方式等方面实现由"乡"到"城"的转变。著名城市生态与生态工程专家王如松院士指出，新型城镇化的"新"，是指观念更新、体制革新、技术创新和文化复新，是新型工业化、区域城镇化、社会信息化和农业现代化的生态发育过程。

1.2 新型城镇化的显著特点

与传统城镇化相比，新型城镇化具有以下显著特点：

（1）突出以人为本。以人的城镇化为核心，合理引导人口流动，有序推进农业转移人口市民化，稳步推进城镇基本公共服务常住人口全覆盖。特别是党的十九大提出，中国特色社会主义进入新时代，我国社会主要矛盾已经转化为人民日益增长的美好生活需要和不平衡不充分的发展之间的矛盾。以满足人民日益增长的美好生活需求是未来相当长时间内引领城镇发展的主旋律。

（2）强调产业配套。区别于传统的"造城运动"，杜绝"空城""鬼城"，促进城镇发展与产业支撑、就业转移和人口集聚相统一，实现产业发展和城镇建设融合，让农民逐步融入城镇。以往产业都是城镇化的"配角"，产业发展与城镇化建设严重不匹配。新型城镇化更加注重城镇产业经济的培育，重视第二、第三产业的转型升级，带动城镇人口就业。

（3）注重生态环保。把生态文明理念全面融入城镇化进程，着力推进绿色发展、循环发展、低碳发展的理念，实现土地、水、能源等资源的集约化利用，强化环境保护和生态修复，减少对自然的干扰和损害，推动形成绿色低碳的生产生活方式和城市建设运营模式。

（4）体现文化传承。根据不同地区的自然历史文化禀赋，体现区域差异性，提倡形态多样性，发展有历史记忆、文化脉络、地域风貌、民族特点的美丽城镇，形成符合实际、各具特色的城镇化发展模式。

2 新型城镇化带来的巨大机遇

2.1 拉动基础设施投资建设需求

根据世界城镇化发展普遍规律，我国仍处于城镇化率30%～70%的快速发展区间。2010—2018年期间，我国的城镇化率从49.95%增长到了59.58%，接近2020年达到60%的目标，平均每年增长1.07个百分点；城镇常住人口从56212万人增长到83137万人，平均每年增长2991.67万人。城镇化建设涉及全国19个城市群、300多个地级市和1万多个城镇的发展，快速的城镇化建设进程，带来城镇基础设施、公共服务设施和房地产开发等多方面的投资需求。据测算，城镇化每提高1个百分点，能够增加大约1.2万亿元的消费和投资。据国家卫计委公布的信息，预计2030年我国常住人口城镇化率将达到70%左右，即未来十年我国城镇化率仍将保持年均1%的增长速度。同时，与发达国家80%的城镇化率相比，我国的城镇化进程还有较大的发展空间，将持续影响我国的经济社会发展，给建筑行业带来巨大的市场空间。

2.2 创造多个新兴业务市场

不同于传统城镇化建设的简单造城运动，新型城镇化更加注重人文关怀、产业配套、环境保护、文化内涵等方面，地方政府的建设需求也随之改变。国家发改委印发的《2019年新型城镇化建设重点任务》指出，要加强城市基础设施建设，指导各地区因地制宜建设地下综合管廊，扎实推进城市排水防涝设施补短板；持续推进节水型城市建设，推进实施海绵城市建设；继续开展城市黑臭水体整治环境保护专项行动，启动城镇污水处理提质增效三年行动。实践表明，随着新型城镇化建设的深入推进，项目类型正在从传统的路桥、房建基础设施建设，加速向绿色环保、生态修复、轨道交通、综合管廊、环境治理等新兴业务领域转变。

2.3 推动建筑企业实现转型升级

新型城镇化建设作为影响我国经济社会发展的重要因素，是建筑企业生存发展的大环境、大前提。一方面，新型城镇化建设要求建筑企业提高综合服务能力，不仅要设计、规划、建设优质的建筑物，更要适应地区发展的需要、适合居民就业、生活、娱乐的需要，帮助居民实现对美好生活的向往。另一方面，随着对生态环境的重视程度日益提高，要求建设过程更加集约高效、绿色环保，通过运用现代工艺技术，实现建筑的工业化、信息化和智能化。这就需要建筑企业调整发展战略，为城镇发展提供一体化解决方案，并以服务新兴业务市场为目标，研发相应的施工技术工艺，提高施工管理效益。

3 路桥公司服务新型城镇化建设的实践经验

中电建路桥集团有限公司是中国电力建设集团的专业市场平台公司，肩负着开拓和引领集团基础设施业务市场的使命。公司始终将城镇化建设作为企业发展的重要战略机遇之一，主动服务新型城镇化建设的需要，以完整的产业链优势开拓新兴业务市场，努力打造成为城市（地区）基础设施一体化服务商。

3.1 充分整合内外部资源，完善自身产业链

为进一步完善公司的全产业链服务能力，公司通过"内部＋外部""兄弟＋伙伴"的合作模式集聚优质资源，为地方政府打造美丽新城。一方面，整合电建集团体系内的优势资源，与规划设计、施工建造方面的兄弟单位建立紧密合作关系8大设计院涵盖交通市政、生态环保、建筑景观、城市规划等多个行业领域，17大工程局覆盖公路、房屋、市政、地铁等基础设施建设全领域。另一方面，不断拓展外部合作伙伴，与同济大学、清华大学等科研机构联合设立研究院；与中国金茂、融创集团、清控科创等优质产城运营商建立战略伙伴关系；与建、农、工商等金融机构密切合作，取得各类银行授信500亿元；引入济邦咨询、IBM、智纲智库等咨询顾问单位，提高自身的产业规划和城市运营能力，为政府提供咨询规划、投资融资、设计建造、管理运营一揽子解决方案和集成式、一体化、全过程"交钥匙"服务。

3.2 重点关注新兴业务市场领域

截至2018年年底，公司生态环保类、地下空间开发类新兴业务板块的合同存量占PPP项目总量的25%以上。经过多年的建设经营，打造了多个标杆项目，赢得了良好的社会效益。如成都天府新区兴隆湖生态水环境综合治理项目，总体规划面积5360亩，为国内首个全新打造城市水生态系统的项目，先后迎接了国家领导人习近平、栗战书的考察调研，已经成为成都水环境综合治理的一张靓丽名片。雄安新区10万亩苗景兼用林建设项目施工总承包第一标段工程是电建集团进入雄安新区市场的首个总承包工程项目，得到习近平总书记的现场指导和高度评价，做出了"蓝天、碧水、绿树，蓝绿交织，将来生活的最高标准就是生态好"的论断。西安沣东新城河道综合治理工程为西安市"八水绕长安"的重点工程，涵盖防洪、水面、景观、道桥等10个子项工程，在治污方面的显著成效，曾被《新闻联播》专题报道。

3.3 重视科技创新，引领未来城市建设发展趋势

一方面，有效整合优质高校研发资源。深化与清华

大学、同济大学的协同创新，相继挂牌成立了中电建路桥同济研究院、清华大学-中电建路桥集团有限公司新时代城市发展联合研究院，聚集前沿关键技术和国家重大发展战略，加快在智慧城市、智慧交通等核心领域的研发进度，为公司实现差异化发展、开拓高端建筑市场提供强有力的技术支撑。另一方面，加快信息化、数字化转型。全面推广应用项目管理（PRP）系统，开展投资开发平台、资产运营管理平台、智慧工地试点建设，通过 BIM、GIS、物联网等技术的集成应用，提高施工管理的智慧化、绿色化水平。

4 抢抓新型城镇化建设机遇的建议

4.1 打造全产业链一体化服务能力，成为城镇发展的综合服务商

现有的 PPP 建设模式下，要求建筑企业作为社会投资人更深入地参与到城市基础设施的建设中来。在经济新常态下，越来越多的地方政府已经意识到简单的"投资、造城、卖地"模式不可持续，"引入产业、吸引人口、增加税收"才是提高财政收入的关键。因此，建筑企业应当围绕城市、区域整体发展目标和规划，以城市（地区）基础设施一体化服务商的发展定位，为政府合理规划、设计新城的产业结构，并成功引入、留住优质企业，为新城发展装上强劲的产业引擎，使原本单一的项目投资建设成为城市经济社会发展的有机组成部分，更好地服务城镇化建设。

4.2 高度重视设计规划工作，突出以人为本的设计理念

为满足居民对美好生活的向往，建筑企业应高度重视城镇的前期设计规划工作。一是坚持以人为本的城市设计理念，充分考虑城市居民工作、居住、生活需求，发展产业的同时导入优质教育资源、商业资源、医疗资源，建设面向美好生活的宜居宜业城市，满足居民对大健康、休闲度假、文化创意等高层次物质文化需求。二

是结合区域产业基础、产业发展趋势、地方发展需求和政府产业政策，科学研判、规划区域产业发展方向，科学编制详细规划，促进城市工业区、商务区、文教区、生活区、行政区、交通枢纽区科学衔接与混合嵌套，实现城市产城融合、职住平衡。三是统筹优化城市国土空间规划、产业布局和人口分布，提升城市可持续发展能力，建设宜业宜居、富有特色、充满活力的现代城市。

4.3 打造绿色高效的施工技术优势，提高城市建设的智慧化、绿色化水平

要抓住新型城镇化发展带来的巨大机遇，建筑企业必须掌握与新兴业务市场相适应的施工技术，并加大创新投入力度，引领智慧城市、绿色城市发展的潮流。一是围绕水环境治理、综合管廊、海绵城市等新兴业务市场的需要，研发污水治理、管廊建设、土壤修复等关键核心技术，获取研发专利、施工资质等市场准入条件。二是在当前信息产业、互联网、人工智能的基础上，与科研院校和高新技术企业建立战略合作伙伴关系，加快在智慧住宅、智慧交通等领域的研发进度，探索新型智慧城市的建设思路和实现路径，成为引领建设数字中国、智慧社会的先行者。三是逐步改变传统的施工作业模式，走建筑工业化、绿色化发展的道路，充分运用装配式施工、BIM 技术、PRP 项目管理系统等成熟的管理技术，提高施工企业的劳动生产效率，提高工程质量效益。

5 结语

新常态下，新型城镇化建设的主基调更加明确，对我国经济稳健发展的贡献仍将持续。建筑企业要正确研判经济发展环境，准确把握新型城镇化建设推进的有利时机，充分认知新型城镇化建设的特点，不断完善自身设计规划、建设施工、运营管理的全产业链条，特别是提升前期城市综合规划能力，坚持以人为本，注重产业导入和培育，为地区发展注入新的动力，真正成为新型城镇化发展的高质量、综合型服务商。

浅析 EPC 合同模式设计优化在公路工程中的应用

孙永杰　郑术锋　杨凤军/中国电建市政建设集团有限公司

【摘　要】　本文主要分析了 EPC 合同模式下设计优化在公路工程中的应用，首先结合实例分析 EPC 合同的特点，确定在满足业主使用功能条件下进行设计优化的原则，进而从道路纵断面、结构物及道路附属物等方面对项目设计优化进行了分析，使得采用 EPC 合同模式下不仅能使业主投资得到保证，而且能使承包商把握设计、施工集成管理带来相应的效益。

【关键词】　EPC 合同　公路工程　设计优化

EPC 合同即设计-采购-施工（engineering, procurement and construct）合同，是一种包括设计、设备采购、施工、安装和调试，直至竣工。最终将符合合同规定的、可交付使用的 EPC 项目交还给业主的总承包模式。

EPC 合同模式下设计成果与建设项目的投资目标是紧密相关的，与施工水平结合好的设计可提高施工质量，实现建设项目的目标。设计成果与项目招标阶段、实施阶段以及竣工阶段的顺利开展息息相关，重视设计抓好优化对整个建设项目周期有着重要的作用。EPC 合同模式下的特点，就是设计与施工都由同一承包商承担，这样能够促进设计和施工单位的紧密结合，充分挖掘设计、施工协作潜力，能有效解决设计与施工脱节问题，有利于资源的优化和配置，更好地保证设计、施工质量，有效控制工程造价。同时，对推动公路工程勘察设计和施工企业间的战略重组，培养具有国际竞争力的大型建设企业具有重要意义。本文结合巴基斯坦 PKM 高速公路工程实践，就施工与设计如何统筹兼顾，以便更好地获得经济效益与社会效益进行探讨。

1　项目概况

巴基斯坦 PKM 高速公路工程项目第六标段全长 57km，设计标准为双向 6 车道高速公路，设计速度为 120km/h，路基全宽 31.5m。总工期 36 个月，质保期 3 年，合同金额 4.3 亿美元，采用 EPC 合同模式。

主要工程内容包括土方工程、路面工程、桥梁、立交桥、涵洞、通道等在内的结构工程、排水和冲刷防护工程、附属工程、机电工程及景观美化/绿化工程等工程的实施和维护等。

2　EPC 合同特点

2.1　高风险固定总价

在 EPC 合同模式条件下，承包商签约时应充分考虑到各式各样可能发生的风险，合同的价格一旦确定，不能再随意变动，必须按合同约定的总价完成工作。相对传统合同模式而言，EPC 合同模式下项目风险大部分转嫁给了承包商，要求承包商必须抛开传统合同模式下的思维方式，投标时应充分考虑经济风险（如物价上涨、汇率波动等）、法律风险（如立法的变更）、安全环保风险及不可抗拒等风险。

2.2　巨大的活动空间

虽然 EPC 合同模式的风险较大，但赋予承包商巨大的活动空间。对于成熟的承包商而言，可充分研究合同条款，结合现场勘察测量及水文地质资料情况，进行设计优化。充分发挥设计在整个工程建设过程中的主导作用，以利于工程项目建设整体方案的不断优化，达到降本增效的目的。

此外，承包商在项目初期设计时就考虑到采购和施工的影响，避免设计和采购、施工的矛盾，减少由设计错误、疏忽引起的变更，使设计、采购和施工可以有机地统一起来，形成整个项目的快速跟进，从而大大缩短工程从规划、设计到竣工的周期，节约成本，及早获得收益，实现业主与承包商的双赢。

2.3 有限的业主权限

EPC合同管理方式与传统的采用独立的"工程师"管理项目不同，业主对承包商的工作只进行有限地控制，给予承包商选择工作方式的自由。在这种合同模式下，与传统合同模式下"工程师"的权利相比，业主代表被授予的权利一般较小，如有关延期和追加费用方面的问题一般由业主来决定。在实践中，业主根据自己的实际情况，在一些大的原则基础上来决定工程的具体实施方式，或只对建设过程进行总体控制。

3 设计优化

对本项目而言，设计工作对于项目工期、质量、安全、成本等都息息相关，设计工作是本项目至关重要的一项工作，设计优化又是该工作的关键环节。根据合同专用条款第5.1条款"在充分考虑业主需求和概要设计（图纸）条件下，承包商编制详细设计（图纸）。承包商应进行现场勘察，根据勘察结果编制详细的设计（图纸），同时附计算书等支持性文件，以便为工程提供合适的设计。承包商应对设计的充分性、妥善性负全部责任。在承包商准备的履约保证金中，应包含赔偿保证的责任。承包商应负责详细设计的工作"规定，确定设计优化的原则：在保证工程质量及满足工程使用功能的前提下，对比分析设计优化前后工程量、成本、利润，以方便施工和利润最大化为目标进行设计优化，从而降低工程的建设成本和缩短工期。以下为详细的分部分项设计优化。

3.1 道路优化

道路纵断面设计直接影响着路基填筑和边坡防护的工程体量，纵断面设计线性合理、符合规范要求是其一；而工程体量小，造价低，资源占用少便是其二，二者兼顾，不可缺一，才是好的道路纵断面设计方案。本项目承包商通过优化竖曲线、调整结构物等方法，大幅降低了路基填筑和边坡防护工程体量，节约了成本和工期。

3.2 结构物优化

在公路工程的设计优化中，结构物的优化是大项，某个优化方案的采用往往直接导致钢筋、混凝土等工程量的大量减少。在本项目中，结构物的优化主要在以下几个方面。

3.2.1 结构物类型优化

本项目六标段招标图纸设计短桥16座，其中跨路桥梁12座。在详设阶段，承包商基于被交路的道路使用情况和交通需求分析，向业主提出桥改汽通的替代设计方案，经过向业主长时间的解释和论证，最终10座跨路短桥优化为尺寸7.1m×5.3m的汽通涵，承包商节约了大量的钢筋、混凝土，同时主线纵断面高程因此下降，减少了大量路基填方，承包商获得了巨大的经济效益和工期成本。

3.2.2 结构物夹角优化

在本项目业主招标图纸中，结构物（桥梁、箱涵通道、管涵）的轴向与结构物下的被交路或被交渠的走向平行，这样的设计在满足结构物通行和通渠的功能要求下增加了额外的工程体量。

在图纸详设阶段，承包商在满足原有被交路通行功能的前提下，向业主提交了桥下被交路和通道被交路、被交渠的改路和改渠方案，说服业主将部分结构物的交角调整为90°，减少箱涵通道的涵长和桥梁桩基、桥墩、桥台的工程体量，降低了施工难度，节约了施工成本；对于那些无法采用90°夹角的部分桥梁，在详设阶段，承包商也尽量使这部分桥梁的交角都保持了一致，减少了预制梁模板的投入套数，节约了成本和工期。

3.2.3 一般桥梁优化

结合地勘和现场测绘数据，对业主招标图纸桥梁布置方案进行仔细分析。承包商认为部分桥梁通过改进桥台形式后，在跨数和跨径上存在着较大的优化空间。比如部分桥梁可以将桥台类型由墩柱式优化为扶壁式，取消台前溜坡，增加跨下净宽，通过这一设计优化得出的结果：①承包商将原设计2跨短桥才能满足被交路交通通行的方案优化为现有的单跨短桥；②承包商将原方案大跨径优化为现有的小跨径。这些优化方案得益于承包商前期地勘、测绘工作的翔实、全面的资料数据支撑，因此在后期桥梁设计过程中，承包商向业主提供了大量、充分翔实的基础论证数据，以致最终方案获得了业主的通过。

3.2.4 特大桥梁优化

本标段需跨越某条较大河流，该河流现有河床宽度约200m，因常年泥沙淤积，现有河床淤积严重，深度浅，疏浚能力较差，一旦发生特大洪水，河水有漫过现有河堤从而可能导致高速公路路基产生损毁。业主以当地50年一遇的防洪标准考虑，为防止本项目路基受洪水损害，在招标图纸中，初设该桥总长为960m，总跨数为24跨，且在桥梁两侧的桥台处分别设有导流堤进行防护，两条导流堤以桥台为终点，分别向上流方向延伸约1km。

该桥梁作为本项目的重点单位工程，受业主、业主代表等各方重点关注。承包商设计团队高度重视该桥梁的详设工作，前期对该河流的地勘工作做得非常详细。在详设阶段，充分利用国内资源，按比例建造河流桥梁、导流堤于一体的水利模型，多次组织国内水利专家和当地水利部门进行综合评估、论证。得出结论是在提高两侧桥台处导流堤的防护等级的前提下，该桥梁可优化至总跨数 16 跨,且在新的设计方案下,防洪标准将提高至可抵御 100 年一遇的特大洪水的防洪等级。最终该桥梁的设计方案获得了业主的通过。

3.2.5 管涵优化

本项目六标段地处农业大省,公路用地多为耕地,耕地内灌溉水渠系统纵横交织、错综复杂。根据项目业主要求,每处原有水渠处均应设置对应的管涵替代,以满足灌溉需求。项目充分与当地政府和村民沟通、协商,将部分桩号的管涵取消,用打大口径灌溉井的方式替代解决耕地灌溉需求。本项目仅六标段范围内取消管涵 20 余道,为项目节约了成本和工期。

3.3 施工工艺的优化

3.3.1 管涵接口优化

本项目管涵数量多,按当地规范要求和习惯性做法,预制管敷设多采用承插式接口,接缝处采用 1∶2 的水泥砂浆填充抹带,砂浆初凝后采用粗麻布包裹保护。承包商改进管涵接缝工艺,通过现场实例成功说服业主改用平接口的接头方式,大大加快了管节敷设速度,节约了人力资源和工期成本。

3.3.2 路面结构层优化

在投标价格合理化讨论阶段,承包商设计团队建议业主提高路床顶 30cm 路基技术标准,改进填筑材料,增加 CBR 值,合理优化路面结构层厚度,使合同价格得以降低,为业主节约了大量的投资。

3.4 施工材料的优化

本标段部分桩号段落周边路基填筑用土匮乏,而当地河砂资源较为丰富。承包商根据以往填砂路基的工程经验,收集资料,提供证明,再通过设计充分论证,最终用填砂路基替代填土路基的方案获得了业主的通过。

3.5 道路附属设施优化

收费站、服务区、交通工程及附属工程的设计包括绿化工程等在复核设计文件时要对施工成本做详细的测算,在不影响业主要求及使用功能的前提下尽量减少工程量。在本项目中,原路基防护由 30cm 浆砌石优化为 10cm 厚预制六棱块铺砌,铺草皮优化为植草,将后期维护成本较高的路侧花圃优化为植树。

4 效益分析

(1)通过纵断面竖曲线的调整、桥改通道等调整,本项目六标段土方工程由原来的 1502.73 万 m³ 优化至现有的 1271.17 万 m³,节约施工成本约 850 万美元。

(2)桥改通道方案的成功实施,减少短桥 10 座,增加 7.1m×5.3m 汽通 10 道,节约施工成本约 500 万美元。

(3)跨河大桥桥长由初设 960m 优化为 640m,减少约 30% 的工程量,节约施工成本超过 1000 万美元。

(4)改进管涵接口模式,用填砂路基替代填土路基,项目附属工程等的优化,节约的施工成本超过数百万美元。

5 结语

设计工作在 EPC 合同中的地位至关重要,占合同总成本约 3% 费用的设计工作左右着项目 80% 的施工成本。从某种程度上来说,项目的大部分效益、风险点在设计方案被敲定时就已经坐实了。承包商在注重项目建设的同时应高度重视设计工作的管控,采用优秀的设计团队,规避设计风险,提高设计水平,方能在 EPC 项目中获得效益与工期的双赢、完美履约。

浅谈工程变更原因与对策

林庆宇/中国电建市政建设集团有限公司

【摘　要】 由于建设工程项目的特性，变更在工程项目的实施过程中是不可避免的。它的内容非常广泛，每个人对其理解都有不同之处，其本质是在工程履约中往往会发生与原合同的约定不相适应的变化、或添加原合同以外的工作，从而出现变更。变更有多种分类方式，主要可按照内容或引发的主体分类，并可依照引发原因的不同制定不同的变更程序。

【关键词】 建设工程　变更定义　变更原因　变更程序

1 引言

建设工程项目的实施一般具有单一性、复杂性、长期性和动态性等特性，其中很多工程都地处山区、河流、湖泊等特殊地形附近，其较一般工程而言，施工条件更为复杂、受到自然环境条件制约程度更大影响更深。施工承包合同不可能预见和覆盖工程施工过程中的所有可能发生的变化，变更在施工过程中无法避免。笔者作为长期从事工程建设一线的管理人员，在与许多工程项目接触中，由于诸多原因引发的各种类型的变更，并对变更有了一些自己的理解和认知。

2 变更的定义

变更的内容非常广泛，每个人对其理解都有不同之处，其对工程项目各个参建方的意义也完全不同，要对其下一个确切的定义是较为困难。依笔者之见，对于业主方来说变更是一种特殊的工程风险，是一种可能出现的影响项目成本、进度、质量三大目标实现的不确定因素；而对于施工方来说，增加或减少初始施工合同工作范围、影响完成原合同工作范围的费用或工期都是变更，其本质是承包合同的实施过程中针对原合同条件发生的变化。对于监理方来说、变更是一种当施工条件发生改变时，监理工程师采取的使建设工程能够顺利进行一种措施。

综上所述，变更应该是指在建设项目实施过程中，由一个或者几个不确定因素引起的合同条件、施工范围与合同价格、工期和施工条件三者之一或者全部发生了改变后，以使项目顺利实施而对原合同条款进行修改，或添加原合同以外的工作。这里所说的不确定因素应是客观地从项目整体利益出发的，而非由某一施工参建方为赚取不合理利润而故意制造的不确定因素。

3 变更的分类

建设工程施工项目由于其工程复杂性的特征，导致变更也有此特性，其内容涉及范围广泛，构成原因复杂，规律性比较差，分类方式亦是多种多样。目前，我国建设工程项目招投标及工程施工阶段，合同计价主要方式为《工程量清单》单价合同，参考《建设工程施工合同（2013 示范文本）》的相关规定，根据变更的内容，将变更主要概括为以下六个方面：

（1）取消合同中任何一项工作，但被取消的工作不能转由发包人或其他人实施。即由业主方、设计方或监理方提出取消某项合同约定的工程施工内容即构成变更。但本条所指的取消的工作，应是在已下发的变更文件或设计施工图纸中明确应施工的某项工作，之后又确定其本身为不需要做的工作。这是为了保护承包方的权利，防止发包人在合同实施的过程中，擅自取消合同中约定的某项工作，转由发包人自己或由其他承包人实施。但是，若承包方违约或无能力或不愿实施某项工作时，发包人有权在监理工程师认为确有必要时，由发包人自行实施或转由其他承包人实施。

（2）改变合同中任何一项工作的质量或者其他特性。本条大部分属于工程设计方面的变更。例如，南水北调中线工程干渠渠道及建筑物土方回填招标阶段压实度标准为 98％。施工阶段，根据监理通知转发的设计通知：总干渠桩号 Ⅳ98＋440～Ⅳ144＋600 渠段沿线地震动峰值加速度为 0.20g，相当于地震基本烈度 Ⅷ度，因此要求该渠段内的渠道及建筑物回填土压实度均不小于 1。由此可知，施工阶段与招投标阶段相比，该段土方回填压实度由 98％变更为 100％，构成变更。

（3）改变合同中规定的任何部位的基线、标高、位置或尺寸。参建各方皆可以基于工程施工合理性提出本条变更。例如，南水北调中线工程原设计某渡槽桩号为Ⅳ104＋480，经现场勘察测量后，发现渡槽与老河道相接的位置桩号为Ⅳ104＋287，则设计可以下发变更通知单对渡槽位置进行变更。

（4）改变合同中任何一项工作的施工顺序、工艺或时间。参建各方皆可以基于工程施工合理性提出本条变更。例如，承包方为了加快施工进度可以向监理单位申报变更文件，申请将设计施工工艺为预制的混凝土结构变更为现浇施工工艺。而前述的施工时间和施工顺序，指的是发包人招标时确定的完工日期等节点类工期，以及合同实施初期承包人上报的经监理工程师批准的总进度计划、年进度计划、月进度计划及节点类工期。若在合同执行过程中，发包人为自身利益下达指令改变完工日期、提前或延后某项工程或改变原已批准的施工顺序，均属于变更。

（5）为完成工程需要追加的额外工作。本条涉及的内容较为广泛，凡是施工合同中未包含的，参建各方并非为自身利益而是为了完成合同工程所必须增加的新的施工项目，皆属此类变更。特别指出的是，常见的清单漏项也可归入此类。

（6）增加或减少专用合同条款中约定的关键项目工程量超过其工程总量的一定百分比。需要注意的是，施工合同中的《工程量清单》是由预算人员计算编制出来的，其对施工图纸、工程量计算规则的理解水平皆有不同，不可避免地存在计算偏差或者谬误。因此，工程量的增加或减少由非变更原因引起的，而是招投标阶段《工程量清单》中列明的工程量与工程实施过程中实测的工程量不同时，一般认为不属于变更。当然，本人参与过的项目中，一般其专用条款中规定：增加或减少合同中关键项目的工程量超过15％～25％（视工程具体情况而定），则为变更。

4 变更的程序

根据变更的内容将之分类，有助于更好的认识变更，并在工程实施过程中发生对应情况时快速判断其是否属于变更及属于哪类变更。但是，当需要对变更进行处理时，就要根据变更产生的原因，将之细分为五类：业主方原因引发的变更、设计单位原因引发的变更、承包人原因引发的变更、监理单位原因引起的变更以及由不可抗拒因素产引发的变更。

笔者在结合《建设工程施工合同（2013示范文本）》中变更程序相关要求及自身工程变更处理实践经验，总结出了变更的一般处理程序，由于其相对较为复杂，采用简单明了的工作流程示意图进行说明（图1）。

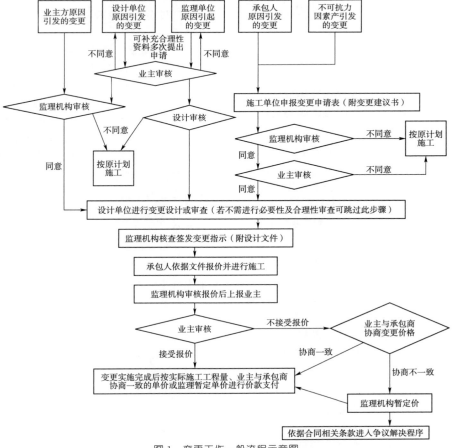

图1　变更工作一般流程示意图

变更从其发生到实施再到结算支付，整个过程程序复杂，各方出具的文件资料繁多，参建的业主、设计单位、监理机构、承包人都参与其中并承担相当重要的责任。变更的工作流程也并非是一成不变的，为达到明确各方责任、推进工作进度、简化不必要程序的目的，可根据变更的重要性、影响程度、投资大小有针对性地制定不同的工作程序。

5 变更实例

5.1 变更背景

松花江干流治理工程第十六标段为竞标型项目，清河镇堤防混凝土防渗墙工程设计施工桩号为 K3＋300～K6＋410，深度为 12m、有效厚度为 30cm、招标阶段设计强度 C10，工程量为 38501m²、投标单价为 196.76 元/m²、合价为 7575457 元。

5.2 变更点选择

进场后，项目部经施工成本测算发现其为预计亏损项目。情况如下：为保证施工进度，需 2 台液压抓斗成槽机 24 小时不间断施工，每天成墙面积约 500m²。两台设备需要配备机械操作手 7～9 人、普工技工 52～56 人。

（1）混凝土材料。根据材料投标预算价结合市场询价，自建混凝土拌和站、拌制并运输至现场，成本约 280 元/m³。考虑导墙混凝土摊销、防渗墙成孔过程中必然存在的超挖、局部地质不良引起的塌孔等情况，混凝土损耗系数定为 1.23，则 0.3m 厚防渗墙混凝土材料成本为 280×0.3×1.23＝103.32（元/m²）。

（2）液压抓斗成槽。按照 2005 年水利补充定额 YB7002 计算液压抓斗成槽（含制备泥浆、清孔、换浆等附属工序）成本，人工费＋除混凝土外的其他材料费＋机械费＝18.05＋36.96＋92.98＝147.99（元/m²）。

（3）混凝土浇筑。包含导墙浇筑、搭拆浇筑平台、装拆导管、浇筑、质量检查、墙顶混凝土凿除等工序成本为，人工费＋除混凝土外的其他材料费＋机械费＝11.88＋11.97＋6.43＝30.28（元/m²）。

（4）考虑项目供应混凝土，将液压抓斗成槽、混凝土浇筑工序整体分包，经市场调查，分包单价一般为 190～260 元/m²。与前述液压抓斗成槽、混凝土浇筑工序测算成本 178.28 元/m²（147.99＋30.28）相匹配，预估分包单价最低为 190 元/m²。

综上所述，税金、现场施工、质量、安全文明等管理费定为 8.28%（3.28%＋5%），混凝土防渗墙预计施工成本（103.32＋190）×（1＋8.28%）＝317.61（元/m²），而由于投标时的不平衡报价导致其清单单价仅为

196.76 元/m²，预计亏损 120.85 元/m²，预计亏损总额 465.28 万元，为预计主要亏损项目。

5.3 变更思路

5.3.1 方案一：协商取消混凝土防渗墙项目

这是比较偷懒的方案，项目部的目标较低：可以不赚钱、只要不赔就行。在向设计代表提出了这个想法后，设计院答复：清河镇堤防 K3＋300～K6＋410 处与松花江距离较近，设置混凝土防渗墙目的是防止管涌等形式的堤基破坏，为保证工程质量、堤身安全，取消是根本不可能的。方案一就此否决。

5.3.2 方案二：将混凝土防渗墙变更为搅拌桩防渗墙

混凝土防渗墙施工成本大、工期长，预计存在巨额亏损，但防渗墙又为清河镇堤防设计必要结构，那将其变更成投标中已存在的东部涝区西堤多头小直径水泥搅拌桩防渗墙项目不就可以了？既满足了保证工程质量的要求，又变更亏损的项目，还能减少业主的投资（多头小直径搅拌桩防渗墙投标单价为 162.05 元/m²，低于混凝土防渗墙），可兼顾各方利益。经过多次沟通，取得业主方认可后向设计方转达了变更意向，但设计方的回函否定了这个看似最优的方案。原因仍在于堤防与松花江干流距离太近、堤身临江侧水流较深，导致堤基需要较好的抗渗性及稳固度，经设计方验算，防渗墙变更为搅拌桩形式不能满足设计要求，存在极大的安全风险和隐患。

5.3.3 方案三：增加混凝土防渗墙的厚度

既然混凝土防渗墙工程是为了增大堤身抗渗性、稳固度、保证安全，那不如就建议变更增加混凝土防渗墙的厚度，增大安全冗余的同时满足合同条款 15.1 变更的范围和内容"（2）改变合同工程的基线、位置、标高或尺寸"的要求，达到申请变更目的。沟通中，业主未明确否决本方案，但其坚持要求变更组价方法参照投标单价并保持同一让利系数，这样本方案就不能解决混凝土防渗墙的亏损问题，失去变更意义。

5.3.4 方案四：减少混凝土防渗墙的工程量并合理提高单价

转机出现在液压抓斗成槽试验段，发现在未达到设计 12m 深度时出现了岩层地质，同时沟通设计院将防渗墙混凝土强度等级由招标阶段的 C10 提升为 C15，满足合同条款 15.1 变更的范围和内容"（2）改变合同中任何一项工作的质量或其他特性"的要求，具备申请变更的条件。

由于业主方坚持参考投标价的变更定价策略未变，项目部退而求其次，向业主方、设计方提交了"混凝土强度提升至 C15、防渗墙遇到岩石地质时未达到设计深度也可终孔的变更方案"，从加快工程进度、保证工程质量的角度与两家单位沟通，最终变更方案获得认可。防渗墙混凝土强度等级由 C10 变更为 C15，项目部巧妙

变更混凝土配合比，在不影响质量的条件下将投标配合比中的碎石变更为卵石减少材料成本并提高预算单价、同时防渗墙可提前终孔减少了施工工程量也达到了减少亏损的目的，一举多得。

5.4　变更程序

经过数次沟通，方案四中最终获得业主方、设计方的认可，项目部立刻履行变更程序，如下：项目部编制变更申请报告（附变更建议书）→监理机构审核→业主方审核→设计方审查并签发设计通知单→监理单位依据设计通知单签发变更指示→项目部依据变更指示申报变更单价及预估工程量→监理单位审核报价→业主审核报价→协商后业主批复最终协商单价→变更成立→进入施工及变更计量结算程序。

5.5　变更成果

"防渗墙混凝土强度由 C10 提升至 C15、遇到岩石地质时未达到设计深度也可终孔的变更方案"包含混凝土配合比变更（水灰比、外加剂等）、骨料碎石代换为卵石、遇岩终孔等多项内容，变更后单价经多次讨论、协商，最终批复单价为 209.37 元/m²。

通过混凝土配合比调整、骨料代换等，最终防渗墙混凝土材料价为 243.97 元/m²；经过邀请招标竞价等措施，确定成槽等全部工序分包单价为 173 元/m²，预计实际施工成本为 $(243.97 \times 0.3 \times 1.23 + 173) \times (1 + 3.28\% + 5\%) = 284.80$（元/m²）。变更后设计工程量为 30478m²（减少 8023m²），预计最终亏损为 $(284.80 - 209.37) \times 3.0478 = 229.90$（万元），比变更前的预计亏损 465.28 万元，减少亏损 235.38 万元。

5.6　变更总结

清河镇堤防混凝土防渗墙的变更，虽未达到扭亏为盈的最优结果，但经过项目部的不懈努力、群策群力，从不同角度提出了多种变更方案，最终获得业主方、设计方、监理方批准，减少了 235.38 万元的亏损，同时加快了施工进度，避免了由于防渗墙施工滞后制约堤防填筑工程进度的情况，隐形效益颇为客观。项目部通过这次变更与参建各方多次沟通、交流，在业主方、设计方、监理方树立了施工企业干工程认真负责、做变更有

理有据的良好的企业形象，为项目工程后续近 20 项的变更工作打下了坚实的基础。

通过这次变更可知：每一项变更都要有理有据、程序完整，但能否发现这项变更、发现变更点后采取哪种方案、如何与参建各方沟通都是决定这项变更能否成功、能否为项目和公司创效益的基础，变更人员的业务水平与工作能力更能显示变更水平的高低。

6　结语

目前我国的建筑业处于高速发展的阶段，工程种类多、施工情况复杂，变更是项目经营管理中的重点工作之一。但由于国情，大部分发包人并非专业的工程管理人员，导致其不能准确地确认变更；行业相关文件对各方职责分配不明确，现行的建设项目工程施工合同示范文本中，没有明确工程项目参与各方如建设单位、施工单位、监理单位等在变更控制与管理方面的责任和义务；项目部分一线技术人员对变更管理概念模糊、认识不清、不熟悉变更处理程序，存在诸多亟待解决的问题。

变更是业务性很强、基础工作很细的工作，变更的成功与否直接影响到工程项目的工期和最终成本。在工程变更中，我们要采取积极的态度，有预见性地发现问题、及早提出解决方案，尽可能将工程变更造价的变动控制在最小范围内。

笔者从事工程建设中接触变更管理工作数年，对变更有一定的认知，在此总结自身的理解及经验。供广大工程建设者借鉴与参考，希望与同行业的管理者共同提高项目变更管理水平！

参考文献

[1] 吴书安. 工程变更管理的研究 [D]. 南京：东南大学，2006.
[2] 程相宏. 浅析工程变更的原因及其对策 [J]. 中州煤炭，2008（1）.
[3] 霍晓莉. 浅谈监理工程师对工程变更的处理和管理 [J]. 综合管理，2008（9）.
[4] 李维芳. 工程变更确认与控制 [J]. 建筑经济，2007（3）.

征 稿 启 事

各网员单位、联络员：

广大热心作者、读者：

《水利水电施工》是全国水利水电施工技术信息网的网刊，是全国水利水电施工行业内刊载水利水电工程施工前沿技术、创新科技成果、科技情报资讯和工程建设管理经验的综合性技术刊物。本刊宗旨是：总结水利水电工程前沿施工技术，推广应用创新科技成果，促进科技情报交流，推动中国水电施工技术和品牌走向世界。《水利水电施工》编辑部于 2008 年 1 月从宜昌迁入北京后，由全国水利水电施工技术信息网和中国电力建设集团有限公司联合主办，并在北京以双月刊出版、发行。截至 2018 年年底，已累计发行 66 期（其中正刊 44 期，增刊和专辑 22 期）。

自 2009 年以来，本刊发行数量已增至 2000 册，发行和交流范围现已扩大到 120 个单位，深受行业内广大工程技术人员特别是青年工程技术人员的欢迎和有关部门的认可。为进一步增强刊物的学术性、可读性、价值性，自 2017 年起，对刊物进行了版式调整，由杂志型调整为丛书型。调整后的刊物继承和保留了原刊物国际流行大 16 开本，每辑刊载精美彩页 6～12 页，内文黑白印刷的原貌。本刊真诚欢迎广大读者、作者踊跃投稿；真诚欢迎企业管理人员、行业内知名专家和高级工程技术人员撰写文章，深度解析企业经营与项目管理方略、介绍水利水电前沿施工技术和创新科技成果，同时也热烈欢迎各网员单位、联络员积极为本刊组织和选送优质稿件。

投稿要求和注意事项如下：

（1）文章标题力求简洁、题意确切，言简意赅，字数不超过 20 字。标题下列作者姓名与所在单位名称。

（2）文章篇幅一般以 3000～5000 字为宜（特殊情况除外）。论文需论点明确，逻辑严密，文字精练，数据准确；论文内容不得涉及国家秘密或泄露企业商业秘密，文责自负。

（3）文章应附 150 字以内的摘要，3～5 个关键词。

（4）正文采用西式体例，即例"1""1.1""1.1.1"，并一律左顶格。如文章层次较多，在"1.1.1"下，条目内容可依次用"（1）""①"连续编号。

（5）正文采用宋体、五号字、Word 文档录入，1.5 倍行距，单栏排版。

（6）文章须采用法定计量单位，并符合国家标准《量和单位》的相关规定。

（7）图、表设置应简明、清晰，每篇文章以不超过 5 幅插图为宜。插图用 CAD 绘制时，要求线条、文字清楚，图中单位、数字标注规范。

（8）来稿请注明作者姓名、职称、职务、工作单位、邮政编码、联系电话、电子邮箱等信息。

（9）本刊发表的文章均被录入《中国知识资源总库》和《中文科技期刊数据库》。文章一经采用严禁他投或重复投稿。为此，《水利水电施工》编委会办公室慎重敬告作者：为强化对学术不端行为的抑制，中国学术期刊（光盘版）电子杂志社设立了"学术不端文献检测中心"。该中心将采用"学术不端文献检测系统"（简称 AMLC）对本刊发表的科技论文和有关文献资料进行全文比对检测。凡未能通过该系统检测的文章，录入《中国知识资源总库》的资格将被自动取消；作者除文责自负、承担与之相关联的民事责任外，还应在本刊载文向社会公众致歉。

（10）发表在企业内部刊物上的优秀文章，欢迎推荐本刊选用。

（11）来稿一经录用，即按 2008 年国家制定的标准支付稿酬（稿酬只发放到各单位，原则上不直接面对作者，非网员单位作者不支付稿酬）。

来稿请按以下地址和方式联系。

联系地址：北京市海淀区车公庄西路 22 号 A 座
投稿单位：《水利水电施工》编委会办公室
邮编：100048
编委会办公室：杜永昌
联系电话：010 - 58368849
E - mail：kanwu201506@powerchina.cn

全国水利水电施工技术信息网秘书处
《水利水电施工》编委会办公室
2019 年 9 月 30 日